AF904015

Formelsammlung Fahrzeugtechnik

M. Bell
H. Elbl
W. Schüler
T. Stietz

11., überarbeitete und erweiterte Auflage

Handwerk und Technik – Hamburg
Best. Nr. 3511

Die Formelsammlung entspricht im Wesentlichen dem Kapitel „Technische Mathematik" im Tabellenbuch Fahrzeugtechnik.
Sie enthält keine Erklärungstexte und keine Beispiele.

In der Regel werden Größengleichungen verwendet. In Fällen, die eine gewisse Vereinfachung erfordern, sind auf bestimmte Einheiten zugeschnittene Zahlenwertgleichungen angegeben. Bei Zahlenwertgleichungen müssen deshalb die Größen in den angegebenen Einheiten eingesetzt werden. Zahlenwertgleichungen sind durch blauen Farbdruck gekennzeichnet.

ISBN 978-3-582-57297-4 Best.-Nr. 3511

Der Formelsammlung wurden die bei Manuskriptabschluss vorliegenden neuesten Ausgaben der DIN-Normen und der gesetzlichen Vorschriften zugrunde gelegt. Die Auswahl ist auf die Erfordernisse in Schule und Praxis zugeschnitten.
Die Normblattangaben werden wiedergegeben mit Erlaubnis des DIN Deutsches Institut für Normung e.V.. Maßgebend für das Anwenden der Norm ist deren Fassung mit dem neuesten Ausgabedatum, die bei der DIN Media GmbH, Burggrafenstraße 6, 10787 Berlin, erhältlich ist.

Verlag Handwerk und Technik GmbH,
Lademannbogen 135, 22339 Hamburg; Postfach 630500, 22331 Hamburg – 2025
E-Mail: info@handwerk-technik.de, Internet: www.handwerk-technik.de

Zeichnungen: Hans-Hermann Kropf, 89428 Syrgenstein; Grafische Produktionen Neumann, 97222 Rimpar; CMS – Cross Media Solutions GmbH, 97082 Würzburg
Satz und Layout: CMS – Cross Media Solutions GmbH, 97082 Würzburg
Druck und Bindung: Himmer GmbH Druckerei & Verlag; 86167 Augsburg

Inhaltsverzeichnis

Winkelfunktionen

Sinus (sin)	Formel	
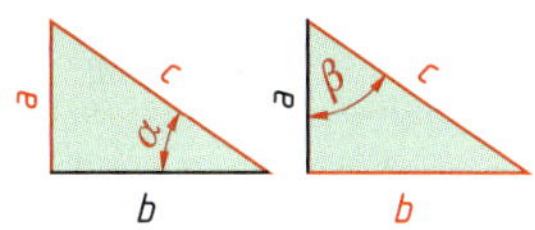	$\sin\alpha = \frac{a}{c}$ $\quad \sin\beta = \frac{b}{c}$ $a = c \cdot \sin\alpha$ $\quad b = c \cdot \sin\beta$ $c = \frac{a}{\sin\alpha}$ $\quad c = \frac{b}{\sin\beta}$	$\text{Sinus} = \frac{\text{Gegenkathete}}{\text{Hypotenuse}}$ *a* Gegenkathete zu Winkel α *b* Gegenkathete zu Winkel β *c* Hypotenuse, dem rechten Winkel gegenüberliegende Seite

Cosinus (cos)	Formel	
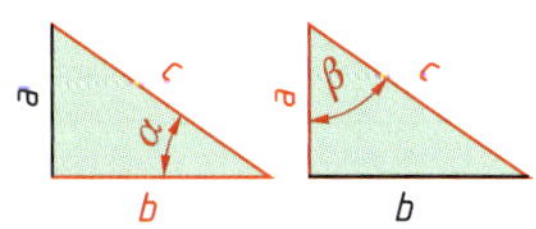	$\cos\alpha = \frac{b}{c}$ $\quad \cos\beta = \frac{a}{c}$ $b = c \cdot \cos\alpha$ $\quad a = c \cdot \cos\beta$ $c = \frac{b}{\cos\alpha}$ $\quad c = \frac{a}{\cos\beta}$	$\text{Cosinus} = \frac{\text{Ankathete}}{\text{Hypotenuse}}$ *a* Ankathete zu Winkel β *b* Ankathete zu Winkel α *c* Hypotenuse, dem rechten Winkel gegenüberliegende Seite

Tangens (tan)	Formel	
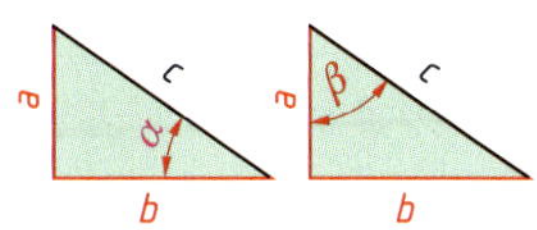	$\tan\alpha = \frac{a}{b}$ $\quad \tan\beta = \frac{b}{a}$ $a = b \cdot \tan\alpha$ $\quad b = a \cdot \tan\beta$ $b = \frac{a}{\tan\alpha}$ $\quad a = \frac{b}{\tan\beta}$	$\text{Tangens} = \frac{\text{Gegenkathete}}{\text{Ankathete}}$ *a* Gegenkathete zu Winkel α Ankathete zu Winkel β *b* Gegenkathete zu Winkel β Ankathete zu Winkel α

Cotangens (cot)	Formel	
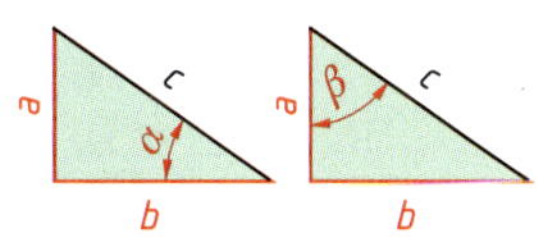	$\cot\alpha = \frac{b}{a}$ $\quad \cot\beta = \frac{a}{b}$ $b = a \cdot \cot\alpha$ $\quad a = b \cdot \cot\beta$ $a = \frac{b}{\cot\alpha}$ $\quad b = \frac{a}{\cot\beta}$	$\text{Cotangens} = \frac{\text{Ankathete}}{\text{Gegenkathete}}$ *a* Ankathete zu Winkel β Gegenkathete zu Winkel α *b* Ankathete zu Winkel α Gegenkathete zu Winkel β

Buchstabenrechnen (Algebra)

Addition, Subtraktion	Formel	
Gleichartige Glieder	$7a + 3a - 2a = 8a$	Die Vorzahlen gleichartiger Glieder werden addiert oder subtrahiert.
Ungleichartige Glieder	$7a + 3a - 2b = 10a - 2b$	Ungleichartige Glieder können nicht addiert oder subtrahiert werden.
Vertauschungsregel	$a + b - c = b - c + a$	In einer Summe oder Differenz dürfen Glieder beliebig vertauscht werden.
Klammerregel	$a + (b + c) = a + b + c$ $a - (b + c) = a - b - c$	Beim Auflösen der Klammer verändert ein Minuszeichen vor der Klammer die Vorzeichen der Glieder in der Klammer.

Multiplikation, Division	Formel	
Vorzeichenregel	$(+a) \cdot (+b) = +ab$ $\quad (+a) : (+a) = +1$ $(-a) \cdot (-b) = +ab$ $\quad (-a) : (-a) = +1$ $(+a) \cdot (-b) = -ab$ $\quad (+a) : (-a) = -1$ $(-a) \cdot (+b) = -ab$ $\quad (-a) : (+a) = -1$	Haben zwei Zahlen gleiche Vorzeichen, so ist ihr Produkt bzw. Quotient positiv, haben sie verschiedene Vorzeichen, so ist ihr Produkt bzw. Quotient negativ.
Klammerregel	$c \cdot (a + b) = ac + bc$ $(12a - 6ab) : 3a = 4 - 2b$	Jedes Glied in der Klammer wird mit dem Glied vor bzw. nach der Klammer multipliziert bzw. dividiert.

Größen und Einheiten im Messwesen

SI-Basiseinheiten

Basisgröße	Länge	Masse	Zeit	Elektrische Stromstärke	Temperatur	Stoffmenge	Lichtstärke
Basiseinheit	Meter	Kilogramm	Sekunde	Ampere	Kelvin	Mol	Candela
Kurzzeichen	m	kg	s	A	K	mol	cd

Größen und Einheiten

Teile und Vielfache

Größe Formelzeichen	Einheit Name	Zeichen	Umrechnung				
Winkel	**Radiant**	**rad**		rad	°	′	″
			1 rad	= 1	57,296	3438	206265
$\alpha, \beta, \gamma, \ldots$	Grad (°)		1 °	= π/180	1	60	3600
	Minute (′)		1 ′	= –	0,01667	1	60
	Sekunde (″)		1 ″	= –	0,00028	0,01667	1
Länge	**Meter**	**m**		m	dm	cm	mm
			1 m	= 1	10	100	1000
l	Für Luft- und Seefahrt:		1 dm	= 0,1	1	10	100
	Internationale Seemeile (sm)		1 cm	= 0,01	0,1	1	10
	1 sm = 1,852 km		1 mm	= 0,001	0,01	0,1	1
			1 µm	= 0,000001	0,00001	0,0001	0,001
			1 km	= 1000	10000	100000	1000000
Fläche	**Quadratmeter**	$\mathbf{m^2}$		m^2	dm^2	cm^2	mm^2
	Für Grund- und Flurstücke:		1 m^2	= 1	100	10000	1000000
A	Ar (a)		1 dm^2	= 0,01	1	100	10000
	1 a = 100 m^2		1 cm^2	= 0,0001	0,01	1	100
	Hektar (ha)		1 mm^2	= 0,000001	0,0001	0,01	1
	1 ha = 10000 m^2		1 km^2	= 1000000	–	–	–
Volumen	**Kubikmeter**	$\mathbf{m^3}$		m^3	dm^3 (l)	cm^3 (ml)	mm^3
			1 m^3	= 1	1000	1000000	–
V	Außerhalb des SI: Liter l, L		1 dm^3 (l)	= 0,001	1	1000	1000000
			1 cm^3 (ml)	= 0,000001	0,001	1	1000
			1 mm^3	= –	0,000001	0,001	1
Zeit	**Sekunde**	**s**		d	h	min	s
			1 d	= 1	24	1440	86400
t	Minute	min	1 h	= 0,04167	1	60	3600
	Stunde	h	1 min	= –	0,01667	1	60
	Tag	d	1 s	= –	0,00028	0,01667	1
Frequenz	**Hertz**	**Hz**		GHz	MHz	kHz	Hz
			1 GHz	= 1	1000	1000000	10^9
f			1 MHz	= 0,001	1	1000	1000000
	1 Hz = 1/s		1 kHz	= 0,000001	0,001	1	1000
	1 Hz = 1 Schwingung/Sek.		1 Hz	= 10^{-9}	0,000001	0,001	1
Geschwindigkeit	**Meter durch Sekunde**	**m/s**		m/s	km/h	m/min	kn
	Für Seefahrt:		1 m/s	= 1	3,6	60	1,944
v	Knoten (kn = sm/h)		1 km/h	= 1/3,6	1	16,667	0,54
	1 kn = 1,852 km/h		1 m/min	= 1/60	0,06	1	–

Größe Formelzeichen	Einheit Name	Zeichen	Umrechnung				
Beschleunigung ***a***	**Meter durch Sekunde hoch zwei**	**m/s^2**	$1\ m/s^2 = \frac{1\ m/s}{s}$;		Fallbeschleunigung $g = 9{,}81\ m/s^2 \approx 10\ m/s^2$		
Drehzahl	**Eins durch Sekunde**	**1/s**		1/s	1/min	Schreibweise:	
			1/s	= 1	60	$\frac{1}{min} = min^{-1}$	
n	Kfz-Bereich.	1/min	1/min	= 1/60	1		
Masse	**Kilogramm**	**kg**		Mg (t)	kg	g	mg
	Außerhalb des SI: Tonne (t)		1 Mg (t)	= 1	1 000	1 000 000	–
m			1 kg	= 0,001	1	1 000	1 000 000
			1 g	= 0,000001	0,001	1	1 000
			1 mg	= –	0,000001	0,001	1
Dichte	**Kilogramm durch Kubikmeter**	**kg/m^3**		kg/m^3	kg/dm^3	g/cm^3	t/m^3
	Außerhalb des SI: kg/l, t/m^3		$1\ kg/m^3$	= 1	0,001	0,001	0,001
ϱ			$1\ kg/dm^3$	= 1 000	1	1	1
			$1\ g/cm^3$	= 1 000	1	1	1
Kraft *F* **Gewichtskraft F_G**	**Newton** (gespr.: njut'n)	**N**		kN	daN	N	mN
	$1\ N = 1\ kg \cdot 1\ m/s^2$		1 kN	= 1	100	1 000	1 000 000
	$= 1\ kgm/s^2$		1 daN	= 0,01	1	10	10 000
			1 N	= 0,001	0,1	1	1 000
Drehmoment	**Newtonmeter**	**Nm**		kNm	Nm	mNm	
	$1\ N \cdot 1\ m = 1\ Nm$		1 kNm	= 1	1 000	1 000 000	
M			1 Nm	= 0,001	1	1 000	
			1 mNm	= 0,000001	0,001	1	
Druck	**Pascal**	**Pa**		MPa	bar	mbar	Pa
	$1\ Pa = 1\ N/m^2$		1 MPa	= 1	10	10 000	1 000 000
p	Hektopascal (hPa)		1 bar	= 0,1	1	1 000	100 000
	1 hPa = 1 mbar		1 mbar	= 0,0001	0,001	1	100
	Außerhalb des SI: Bar		1 hPa	= 0,0001	0,001	1	100
	$1\ bar = 10\ N/cm^2$		1 Pa	= 0,000001	0,00001	0,01	1
Mechanische Spannung	**Newton durch Quadratmeter**	**N/m^2**		N/mm^2	daN/cm^2	N/cm^2	N/m^2, Pa
	$1\ N/m^2 = 1\ Pa$		$1\ N/mm^2$	= 1	10	100	1 000 000
σ, τ	$1\ N/mm^2 = 1\ MPa$		$1\ daN/cm^2$	= 0,1	1	10	100 000
			$1\ N/cm^2$	= 0,01	0,1	1	10 000
			$1\ N/m^2$	= 0,000001	0,00001	0,0001	1
Arbeit *W* **Energie *E*** **Wärmemenge *Q***	**Joule** (gespr.: Dschul)	**J**		kWh	MJ	kJ	J
	1 J = 1 Nm = 1 Ws		1 kWh	= 1	3,6	3 600	3 600 000
	Außerhalb des SI:		1 MJ	= 0,2778	1	1 000	1 000 000
	Kilowattstunde	kWh	1 kJ	= 0,0002778	0,001	1	1 000
	$1\ kW \cdot 1\ h = 1\ kWh$		1 J	= –	0,000001	0,001	1
Leistung	**Watt**	**W**		MW	kW	W	mW
	1 W =1 J/s = 1 Nm/s		1 MW	= 1	1 000	1 000 000	10^9
P	mech. Leistung (alt):		1 kW	= 0,001	1	1 000	1 000 000
	1 PS = 0,735 kW		1 W	= 0,000001	0,001	1	1 000
	1 kW = 1,36 PS		1 mW	= 10^{-9}	0,000001	0,001	1

Größen und Einheiten im Messwesen

Größe Formelzeichen	Einheit Name	Zeichen	Umrechnung				
Temperatur ***T*** (in Kelvin) ***t*, *ϑ*** (in °Celsius)	**Kelvin** Grad Celsius	**K** °C		K	°C		
			0 K	= 0	–273 (genauer Wert –273,16)		
			0 °C	= 273	0		
Elektrische Stromstärke ***I***	**Ampere**	**A**		A	mA	μA	
			1 A	= 1	1000	1000000	
			1 mA	= 0,001	1	1000	
			1 μA	= 0,000001	0,001	1	
Elektrische Spannung ***U***	**Volt**	**V**		kV	V	mV	
			1 kV	= 1	1000	1000000	
			1 V	= 0,001	1	1000	
			1 mV	= 0,000001	0,001	1	
Elektrischer Widerstand ***R***	**Ohm**	**Ω**		MΩ	kΩ	Ω	mΩ
			1 MΩ	= 1	1000	1000000	10^9
			1 kΩ	= 0,001	1	1000	1000000
			1 Ω	= 0,000001	0,001	1	1000
			1 mΩ	= 10^{-9}	0,000001	0,001	1

Vorsätze und Vorsatzzeichen

Vorsatz		Faktor	Beispiel	Vorsatz		Faktor	Beispiel
Deka	da	10^1	1 daN = 10^1 N = 10 N	Dezi	d	10^{-1}	1 dm = 10^{-1} m = 0,1 m
Hekto	h	10^2	1 hl = 10^2 l = 100 l	Zenti	c	10^{-2}	1 cm = 10^{-2} m = 0,01 m
Kilo	k	10^3	1 kW = 10^3 W = 1000 W	Milli	m	10^{-3}	1 mm = 10^{-3} m = 0,001 m
Mega	M	10^6	1 MPa = 10^6 Pa = 1000000 Pa	Mikro	μ	10^{-6}	1 μm = 10^{-6} m = 0,000001 m
Giga	G	10^9	1 GJ = 10^9 J = 1000000000 J	Nano	n	10^{-9}	1 nm = 10^{-9} m = 0,000000001 m
Tera	T	10^{12}	1 TB = 10^{12} Byte	Piko	p	10^{-12}	1 pF = 10^{-12} F

Mathematische Zeichen (Auswahl)

	Bedeutung		Bedeutung		Bedeutung
…	und so weiter, bis	+	plus	∢	Winkel
=	gleich	–	minus	△	Dreieck
≈	ungefähr gleich	· / ×	mal	⊙	Kreis
≠	ungleich	: / –	geteilt durch	≅	kongruent zu
~	proportional	%	Prozent	$\overline{PQ}$	Strecke von *P* nach *Q*
≙	entspricht	‰	Promille	$\overset{\frown}{AB}$	Bogen *AB*
<	kleiner als	$\sqrt{}$	Wurzel aus	Σ	Summe von
≤	kleiner oder gleich	$\sqrt[n]{}$	*n*-te Wurzel aus	e	Euler'sche Zahl (2,7182…)
>	größer als	‖	parallel zu	π	Pi = 3,14159...
≥	größer oder gleich	⊥	senkrecht auf	log	Logarithmus (allgemein)
∞	unendlich			lg	Zehnerlogarithmus
				ln	natürlicher Logarithmus

Griechisches Alphabet (Auswahl)

Α α	Alpha	*Η η*	Eta	*Ν ν*	Ny	*Τ τ*	Tau
Β β	Beta	*Θ ϑ*	Theta	*Ξ ξ*	Xi	*Φ φ*	Phi
Γ γ	Gamma	*Κ ϰ*	Kappa	*Π π*	Pi	*Χ χ*	Chi
Δ δ	Delta	*Λ λ*	Lambda	*Ρ ϱ*	Rho	*Ψ ψ*	Psi
Ε ε	Epsilon	*Μ μ*	My	*Σ σ*	Sigma	*Ω ω*	Omega

Verhältnisrechnen

Verhältnis	$a : b$ oder $\frac{a}{b}$	Gleichartige Größen können zueinander ins Verhältnis gesetzt werden.
Verhältnisgleichung	Außenglieder: a, d; Innenglieder: b, c $a : b = c : d$ als Bruchgleichung $\frac{a}{b} = \frac{c}{d}$	Zwei gleichwertige Verhältnisse können zu einer Gleichung zusammengefasst werden. Die Gleichung heißt Verhältnisgleichung oder Proportion.
Gerades Verhältnis	$a_1 : a_2 = b_1 : b_2$ z. B. Hydr. Presse: $F_1 : F_2 = A_1 : A_2$	Die Reihenfolge der Glieder auf beiden Seiten ist gleich.
Umgekehrtes Verhältnis	$a_1 : a_2 = b_2 : b_1$ z. B. Übersetzung: $n_1 : n_2 = z_2 : z_1$	Die Reihenfolge der Glieder auf beiden Seiten ist umgekehrt.

Mischungsrechnen

Es verhalten sich Teilmenge m_1 zu Gesamtmenge m wie Anteile t_1 zu Gesamtteile t.

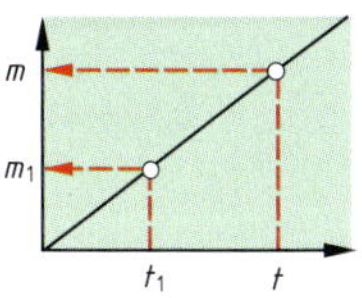

Teilmenge	Gesamtmenge
$m_1 = \frac{m \cdot t_1}{t}$	$m = \frac{m_1 \cdot t}{t_1}$
$m_1 = \frac{m \cdot p_1}{100\,\%}$	$m = \frac{100\,\% \cdot m_1}{p_1}$
	$m = m_1 + m_2 + \ldots$
Anteile	**Prozentsatz(-teile)**
$t_1 = \frac{m_1 \cdot t}{m}$	$p_1 = \frac{100\,\% \cdot m_1}{m}$
$t = t_1 + t_2 + \ldots$	

Größe		Einheit
m	Gesamtmenge	kg, l
m_1, m_2	Teilmengen	kg, l
p_1	Prozentsatz (Prozentteile)	%
t	Gesamtteile	–
t_1	Anteile, Anteilzahl	–

Motorkühlung vgl. S. 40

Prozentrechnen

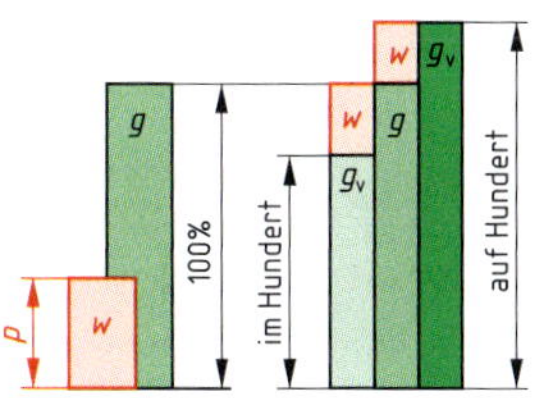

vom Hundert	auf und im Hundert (vermehrter Wert:)
$w = \frac{g \cdot p}{100\,\%}$	$w = \frac{g_v \cdot p}{100\,\% + p}$ *)
$g = \frac{100\,\% \cdot w}{p}$	$g = \frac{100\,\% \cdot g_v}{100\,\% + p}$ *)
$p = \frac{100\,\% \cdot w}{g}$	$p = \frac{100\,\% \cdot w}{g_v - w}$ *)

*) Bei vermindertem Wert g_v sind die Vorzeichen (+) und (–) umgekehrt.

Größe

- g Grundwert (Wert, auf den die Prozentrechnung bezogen ist)
- g_v vermehrter Wert (auf Hundert) (vermehrt = $g + w$)
- g_v verminderter Wert (im Hundert) (vermindert = $g - w$)
- p Prozentsatz in %
- w Prozentwert (Wert, der dem Prozentsatz entspricht)

Zinsrechnen

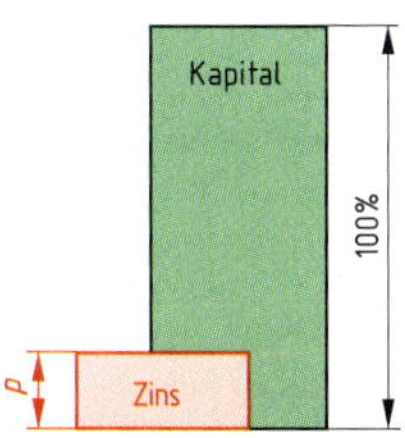

Jahreszins	Zinssatz (Zinsfuß)
$z = \frac{k \cdot p \cdot t}{100\,\%}$	$p = \frac{100\,\% \cdot z}{k \cdot t}$
Kapital	**Zeit (in Jahren)**
$k = \frac{100\,\% \cdot z}{p \cdot t}$	$t = \frac{100\,\% \cdot z}{k \cdot p}$
Tageszins	**Zinssatz (Zinsfuß)**
$z = \frac{k \cdot p \cdot t}{100\,\% \cdot 360}$	$p = \frac{100\,\% \cdot 360 \cdot z}{k \cdot t}$
Kapital	**Zeit (in Tagen)**
$k = \frac{100\,\% \cdot 360 \cdot z}{p \cdot t}$	$t = \frac{100\,\% \cdot 360 \cdot z}{k \cdot p}$

Größe		Einheit
k	Kapital	€
p	Zinssatz (Zinsfuß)	%
t	Zeit (bei Tageszins)	Tage
	Zeit (bei Jahreszins)	Jahre
z	Zins	€

Bei kaufmännischen Rechnungen wird das Jahr zu 360 Tagen und jeder Monat zu 30 Tagen gerechnet.

Satz des Pythagoras

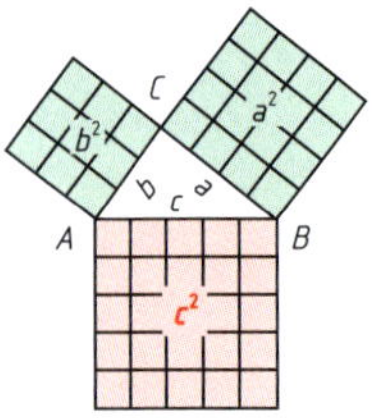

Lehrsatz, Seitenlänge

In jedem rechtwinkligen Dreieck ist das Quadrat über der Hypotenuse gleich der Summe der Quadrate über den Katheten.

$c^2 = a^2 + b^2$ $\quad c = \sqrt{a^2 + b^2}$

$a^2 = c^2 - b^2$ $\quad a = \sqrt{c^2 - b^2}$

$b^2 = c^2 - a^2$ $\quad b = \sqrt{c^2 - a^2}$

Größe, Erklärung

- a Kathete
- b Kathete
- c Hypotenuse

Im rechtwinkligen Dreieck werden die Seiten, die den rechten Winkel bilden, als Katheten bezeichnet. Die Seite, die dem rechten Winkel gegenüberliegt, ist die Hypotenuse.

Vielecke, regelmäßige

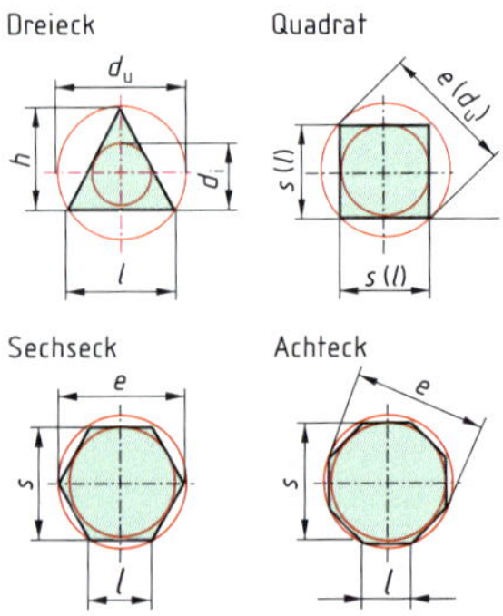

Formeln für Flächen vgl. S. 10, 11

	Höhe	Um-/Inkreis	Seitenlänge
Dreieck	$h = 0{,}866 \cdot l$	$d_u = 1{,}155 \cdot l$	$l = 1{,}732 \cdot d_i$
		$d_i = 0{,}577 \cdot l$	$l = 0{,}866 \cdot d_u$
	Eckenmaß	**Schlüsselweite**	**Seitenlänge**
Quadrat	$e = 1{,}414 \cdot s$	$s = 0{,}707 \cdot e$	$l = s$
	$e = d_u$	$s = l$	$l = d_i$
Sechseck	$e = 1{,}155 \cdot s$	$s = 0{,}866 \cdot e$	$l = 0{,}577 \cdot s$
	$e = 2 \cdot l$	$s = 1{,}732 \cdot l$	$l = 0{,}5 \cdot e$
Achteck	$e = 1{,}082 \cdot s$	$s = 0{,}924 \cdot e$	$l = 0{,}414 \cdot s$
	$e = 2{,}613 \cdot l$	$s = 2{,}414 \cdot l$	$l = 0{,}383 \cdot e$

Größe, Erklärung

- d_i Inkreisdurchmesser
- d_u Umkreisdurchmesser
- e Eckenmaß
- h Höhe (Breite) des Dreiecks
- l Seitenlänge
- s Schlüsselweite

Zahlenwerte

$1{,}414 = \sqrt{2}$ $\quad 0{,}707 = 1/\sqrt{2}$

$1{,}732 = \sqrt{3}$ $\quad 1{,}155 = 2/\sqrt{3}$

$0{,}866 = \sqrt{3}/2$ $\quad 0{,}577 = 1/\sqrt{3}$

$0{,}383 = \sin 22° 30'$ $\quad 2{,}613 = \frac{1}{\sin 22° 30'}$

$0{,}924 = \sin 67° 30'$ $\quad 1{,}082 = \frac{1}{\sin 67° 30'}$

$0{,}414 = \tan 22° 30'$ $\quad 2{,}414 = \tan 67° 30'$

Steigung (Gefälle)

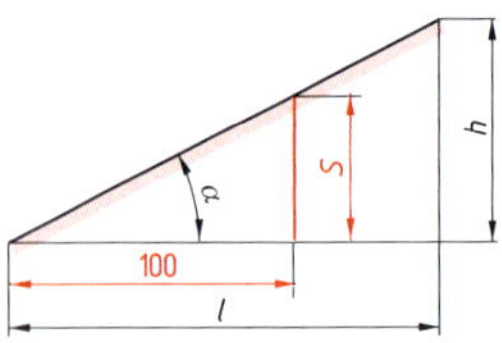

Steigung	Höhenunterschied
$S = \frac{100\,\% \cdot h}{l}$	$h = \frac{S \cdot l}{100\,\%}$
$SV = \frac{h}{l}$	$h = l \cdot SV$
Steigungswinkel	**waagrechte Länge**
$\tan\alpha = \frac{h}{l}$	$l = \frac{h}{\tan\alpha}$
$\tan\alpha = \frac{S}{100\,\%}$	$l = \frac{h}{SV}$

Größe		Einheit
h	Höhenunterschied	m
l	waagrechte Länge	m
S	Steigung (Gefälle)	%
SV	Steigungsverhältnis	–
α	Steigungswinkel	°

Straßensteigungen werden in der Regel in Prozent angegeben, z.B. 5%. Das entspricht einem Höhenunterschied von 5 m auf 100 m waagrechte Länge oder einem Steigungsverhältnis 1:20.

Maßstäbe

Vergrößerungsmaßstäbe	50:1, 10:1, 2:1	20:1, 5:1
Natürlicher Maßstab	1:1	
Verkleinerungsmaßstäbe	1:2, 1:10, 1:50	1:5, 1:20, 1:100

Techn. Zeichnung

$M = \frac{l_z}{l_w}$ $\quad l_z = M \cdot l_w$ $\quad l_w = \frac{l_z}{M}$

Größe		Einheit
l_w	Wirkliche Länge, Dinggröße	mm
l_z	Länge auf der Zeichnung, Bildgröße (Vergrößerte, verkleinerte oder wirkliche Länge)	mm
M	Maßstab	–

Toleranzen, Passungen

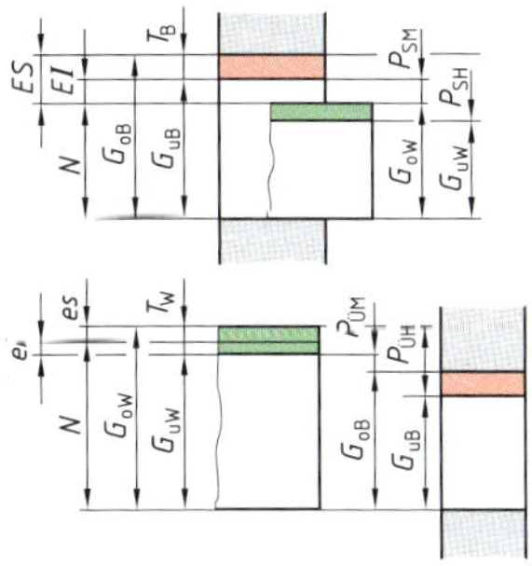

Höchstmaß	Mindestmaß
$G_{oB} = N + ES$	$G_{uB} = N + EI$
$G_{oW} = N + es$	$G_{uW} = N + ei$
Bohrungstoleranz	**Wellentoleranz**
$T_B = ES - EI$	$T_W = es - ei$
$T_B = G_{oB} - G_{uB}$	$T_W = G_{oW} - G_{uW}$
Spielpassung	**Übermaßpassung**
$P_{SH} = G_{oB} - G_{uW}$	$P_{ÜH} = G_{uB} - G_{oW}$
$P_{SM} = G_{uB} - G_{oW}$	$P_{ÜM} = G_{oB} - G_{uW}$

Größe		Einheit
ES	oberes Abmaß Bohrung	mm
EI	unteres Abmaß Bohrung	mm
es	oberes Abmaß Welle	mm
ei	unteres Abmaß Welle	mm
G_{oB}	Höchstmaß Bohrung	mm
G_{uB}	Mindestmaß Bohrung	mm
G_{oW}	Höchstmaß Welle	mm
G_{uW}	Mindestmaß Welle	mm
N	Nennmaß	mm
P_{SH}	Höchstspiel	mm
P_{SM}	Mindestspiel	mm
$P_{ÜH}$	Höchstübermaß	mm
$P_{ÜM}$	Mindestübermaß	mm
T_B	Toleranz Bohrung	mm
T_W	Toleranz Welle	mm

Längenteilung

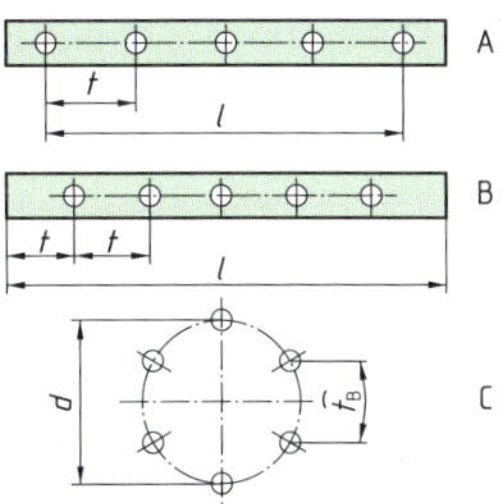

Teilezahl	Teilung
$z = \frac{l}{t}$	$t = \frac{l}{z}$
$z = \frac{\pi \cdot d}{t_B}$	$t_B = \frac{\pi \cdot d}{z}$
Teilungslänge:	$l = t \cdot z$
Teilezahl	**Lochzahl**
A) $z = n - 1$	$n = z + 1$
B) $z = n + 1$	$n = z - 1$
C) $z = n$	$n = z$

Größe		Einheit
d	Teilkreisdurchmesser	mm
l	Teilungslänge (Kreisumfang bei Lochkreisen)	mm
n	Lochzahl oder Anzahl der Teilstriche	–
t	Teilung, Lochmittenabstand	mm
t_B	Lochmittenabstand im Bogenmaß	mm
z	Teilezahl	–

Gestreckte Länge

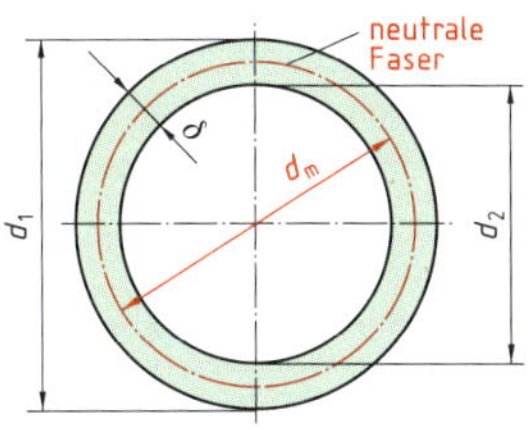

Gestreckte Länge	Durchmesser
$l = \pi \cdot d_m$	$d_1 = \frac{2 \cdot l}{\pi} - d_2$
$l = \pi \cdot \frac{d_1 + d_2}{2}$	$d_2 = \frac{2 \cdot l}{\pi} - d_1$
Mittlerer Durchmesser	
$d_m = \frac{d_1 + d_2}{2}$	$d_m = d_1 - \delta$
$d_m = \frac{l}{\pi}$	$d_m = d_2 + \delta$

Größe		Einheit
d_1	Außendurchmesser	mm
d_2	Innendurchmesser	mm
d_m	mittlerer Durchmesser	mm
l	gestreckte Länge (= Länge der neutralen Faser)	mm
δ	Dicke des Werkstoffes	mm

Die gestreckte Länge l eines gebogenen Teiles ist gleich der Länge der neutralen Faser.

Kreisbogenlänge

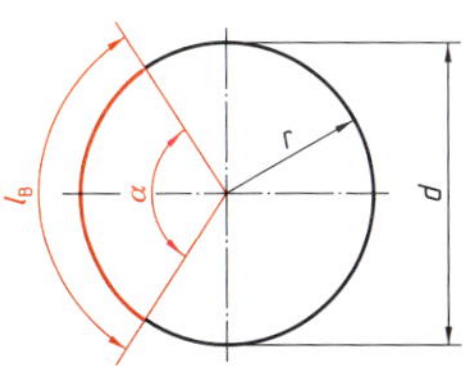

Bogenlänge	Durchmesser
$l_B = \frac{\pi \cdot d \cdot \alpha}{360°}$	$d = \frac{360° \cdot l_B}{\pi \cdot \alpha}$
$l_B = \frac{2 \cdot \pi \cdot r \cdot \alpha}{360°}$	$r = \frac{360° \cdot l_B}{2 \cdot \pi \cdot \alpha}$
Mittelpunktswinkel	
$\alpha = \frac{360° \cdot l_B}{\pi \cdot d}$	$\alpha = \frac{360° \cdot l_B}{2 \cdot \pi \cdot r}$

Größe		Einheit
d	Durchmesser	mm
l_B	Länge des Kreisbogens	mm
r	Radius (Halbmesser)	mm
α	Mittelpunktswinkel	°
π	= 3,14159	

Kreisumfang: $U = \pi \cdot d$. Der Mittelpunktswinkel des vollen Kreises (Vollwinkel) beträgt 360°.

Flächen

Quadrat	Fläche	Umfang	Seitenlänge	Eckenmaß
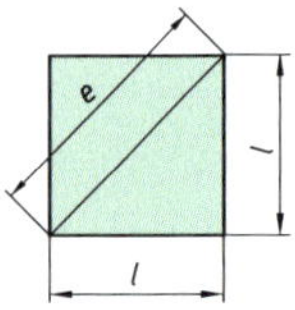	$A = l \cdot l$ $A = l^2$	$U = 4 \cdot l$	$l = \sqrt{A}$ $l = \frac{U}{4}$ $l = \frac{e}{1{,}414}$ $l = 0{,}707 \cdot e$	$e = 1{,}414 \cdot l$ $e = \sqrt{2} \cdot l$
	A Fläche e Eckenmaß	l Seitenlänge U Umfang		

Rechteck	Fläche	Umfang	Länge	Breite, Eckenmaß
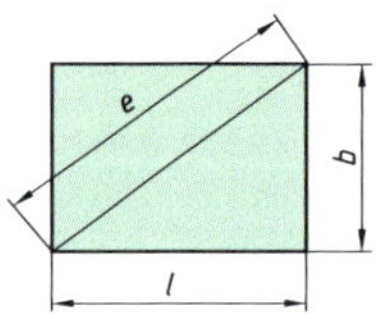	$A = l \cdot b$	$U = 2 \cdot l + 2 \cdot b$ $U = 2 \cdot (l + b)$	$l = \frac{A}{b}$ $l = \frac{U}{2} - b$	$b = \frac{A}{l}$ $b = \frac{U}{2} - l$ $e = \sqrt{l^2 + b^2}$
	A Fläche b Breite e Eckenmaß	l Länge U Umfang		

Parallelogramm (Rhomboid)	Fläche	Umfang	Länge	Breite
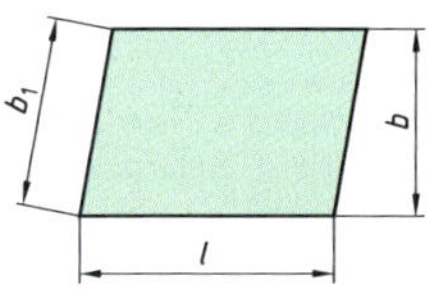	$A = l \cdot b$	$U = 2 \cdot l + 2 \cdot b_1$ $U = 2 \cdot (l + b_1)$	$l = \frac{A}{b}$ $l = \frac{U}{2} - b_1$	$b = \frac{A}{l}$ $b_1 = \frac{U}{2} - l$
	A Fläche b Breite b_1 Schrägbreite	l Länge U Umfang		

Trapez	Fläche	Umfang	Länge	Breite
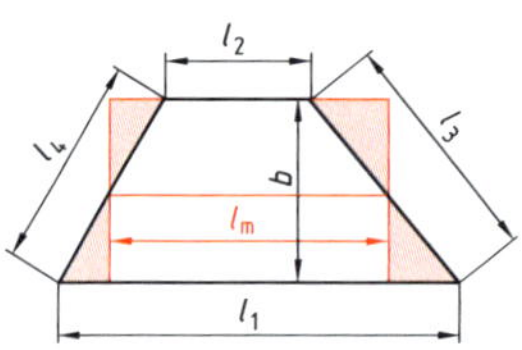	$A = \frac{l_1 + l_2}{2} \cdot b$ $A = l_m \cdot b$	$U = l_1 + l_2 + l_3 + l_4$	$l_1 = \frac{2 \cdot A}{b} - l_2$ $l_1 = 2 \cdot l_m - l_2$ $l_2 = \frac{2 \cdot A}{b} - l_1$ $l_2 = 2 \cdot l_m - l_1$	$b = \frac{2 \cdot A}{l_1 + l_2}$ $l_m = \frac{l_1 + l_2}{2}$
	A Fläche b Breite l_1 große Länge l_2 kleine Länge	l_3 Seitenlänge l_4 Seitenlänge l_m mittlere Länge U Umfang		

Dreieck

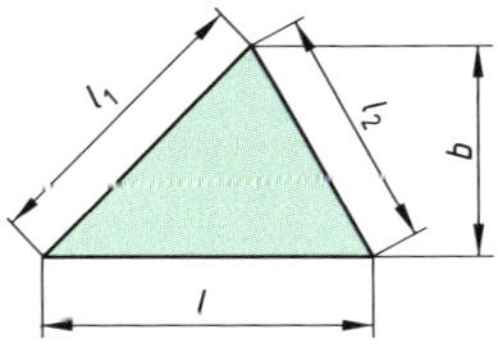

Fläche	Umfang	Länge	Breite
$A = \frac{l \cdot b}{2}$	$U = l + l_1 + l_2$	$l = \frac{2 \cdot A}{b}$	$b = \frac{2 \cdot A}{l}$
Gleichseitiges Dreieck		Gleichseitiges Dreieck	
$A = 0{,}433 \cdot l^2$	$U = 3 \cdot l$	$l = 1{,}155 \cdot b$	$b = 0{,}866 \cdot l$

A Fläche
b Breite
l Seitenlänge
l_1 Seitenlänge
l_2 Seitenlänge
U Umfang

Vieleck, regelmäßiges

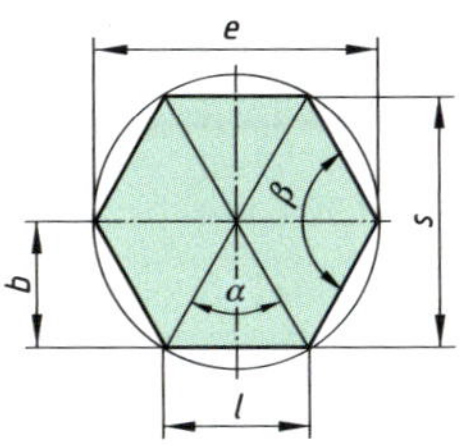

Fläche	Umfang	Sechseck	Achteck
$A = \frac{l \cdot b}{2} \cdot n$	$U = l \cdot n$	$A = 0{,}866 \cdot s^2$	$A = 0{,}828 \cdot s^2$
		$A = 2{,}598 \cdot l^2$	$A = 4{,}82 \cdot l^2$
$\alpha = \frac{360°}{n}$	$\beta = 180° - \alpha$	$s = 0{,}866 \cdot e$	$s = 0{,}924 \cdot e$
		$s = 1{,}732 \cdot l$	$s = 2{,}414 \cdot l$
		$e = 1{,}155 \cdot s$	$e = 1{,}082 \cdot s$
		$e = 2{,}0 \cdot l$	$e = 2{,}613 \cdot l$

A Fläche
b Breite
e Eckenmaß
l Seitenlänge
n Eckenzahl
s Schlüsselweite
U Umfang
α Innenwinkel
β Außenwinkel

Weitere Formeln Seite 8

Kreis

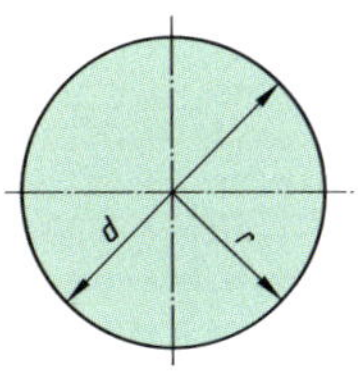

Fläche	Umfang	Durchmesser	Radius (Halbmesser)
$A = \frac{\pi \cdot d^2}{4}$	$U = \pi \cdot d$	$d = \sqrt{\frac{4 \cdot A}{\pi}}$	$r = \sqrt{\frac{A}{\pi}}$
$A = 0{,}785 \cdot d^2$		$d = \frac{U}{\pi}$	$r = \frac{U}{2 \cdot \pi}$
$A = \pi \cdot r^2$	$U = 2 \cdot \pi \cdot r$		

A Fläche
d Durchmesser
r Radius (Halbmesser)
U Umfang

Kreisring

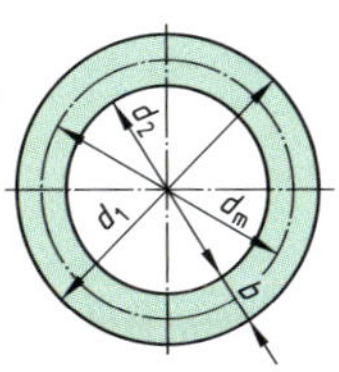

Fläche	Umfang	Durchmesser	Fläche
$A = \frac{\pi \cdot (d_1^2 - d_2^2)}{4}$	$U_1 = \pi \cdot d_1$	$d_1 = \sqrt{d_2^2 + \frac{4 \cdot A}{\pi}}$	$A_1 = \frac{\pi \cdot d_1^2}{4}$
$A = \pi \cdot d_m \cdot b$	$U_2 = \pi \cdot d_2$	$d_2 = \sqrt{d_1^2 - \frac{4 \cdot A}{\pi}}$	$A_2 = \frac{\pi \cdot d_2^2}{4}$
		$d_1 = \frac{U_1}{\pi}$	
		$d_2 = \frac{U_2}{\pi}$	

A Ringfläche
A_1 Gesamtfläche
A_2 Innenfläche
b Ringbreite
d_1 Außendurchmesser
d_2 Innendurchmesser
d_m mittlerer Durchmesser
U_1 Umfang, außen
U_2 Umfang, innen

Kreisausschnitt

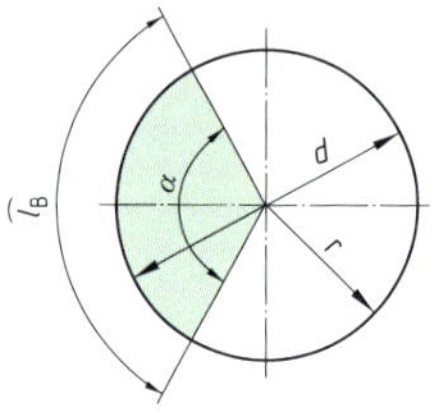

Fläche

$$A = \frac{\pi \cdot d^2 \cdot \alpha}{1440°}$$

$$A = \frac{l_B \cdot r}{2}$$

Umfang

$$U = l_B + 2 \cdot r$$

Abmessungen

$$d = \sqrt{\frac{1440° \cdot A}{\pi \cdot \alpha}} \qquad l_B = \frac{2 \cdot A}{r}$$

$$\alpha = \frac{1440° \cdot A}{\pi \cdot d^2} \qquad l_B = \frac{\pi \cdot d \cdot \alpha}{360°}$$

$$r = \frac{2 \cdot A}{l_B}$$

A Fläche
d Durchmesser
l_B Bogenlänge
r Radius (Halbmesser)
α Innenwinkel

Kreisabschnitt

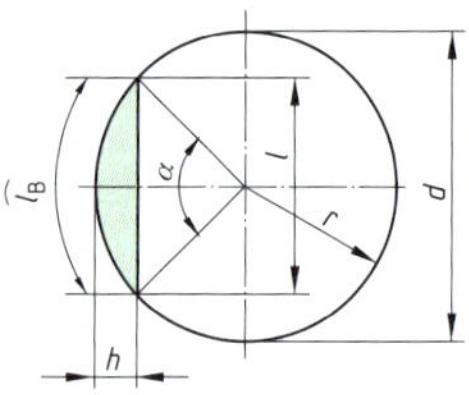

Fläche

$$A = \frac{l_B \cdot r - l \cdot (r - h)}{2}$$

$$A \approx \frac{2}{3} \cdot l \cdot h$$

Umfang

$$U = l + l_B$$

Abmessungen

$$h = r - \sqrt{r^2 - l^2/4} \qquad l = 2 \cdot \sqrt{2 \cdot r \cdot h - h^2}$$

$$h \approx \frac{3 \cdot A}{2 \cdot l} \qquad l \approx \frac{3 \cdot A}{2 \cdot h}$$

$$r = \frac{2 \cdot A - h \cdot l}{l_B - l} \qquad l_B = \frac{\pi \cdot d \cdot \alpha}{360°}$$

A Fläche
h Höhe
l_B Bogenlänge
l Sehnenlänge
r Radius (Halbmesser)
α Innenwinkel

Ellipse

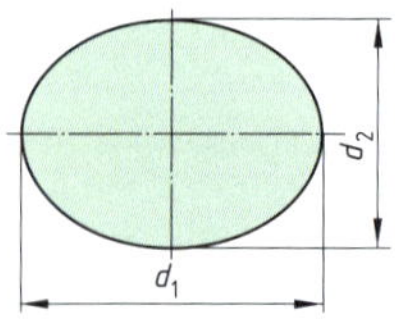

Fläche

$$A = \frac{\pi \cdot d_1 \cdot d_2}{4}$$

Umfang

$$U \approx \frac{\pi \cdot (d_1 + d_2)}{2}$$

große Achse

$$d_1 = \frac{4 \cdot A}{\pi \cdot d_2}$$

$$d_1 \approx \frac{2 \cdot U}{\pi} - d_2$$

kleine Achse

$$d_2 = \frac{4 \cdot A}{\pi \cdot d_1}$$

$$d_2 \approx \frac{2 \cdot U}{\pi} - d_1$$

A Fläche
d_1 große Achse
d_2 kleine Achse
U Umfang

Zusammengesetzte Fläche

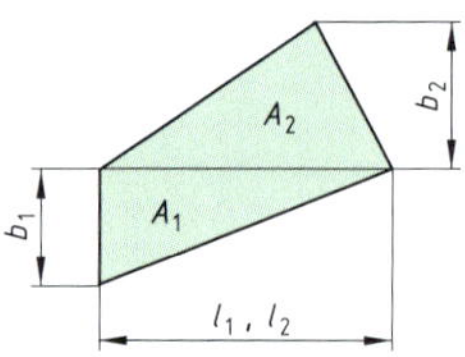

Gesamtfläche

Für die dargestellte Fläche gilt.

$A = A_1 + A_2$

Allgemein:

$A = A_1 \pm A_2 \pm A_3 \pm \ldots$

A Gesamtfläche
A_1 Teilfläche 1
A_2 Teilfläche 2
A_3 Teilfläche 3

Regel

1. Zusammengesetzte Flächen werden zur Berechnung in einfache berechenbare Teilflächen zerlegt.
2. Durch Zusammenzählen und Abziehen der einzelnen Teilflächen ergibt sich die Gesamtfläche.

Würfel

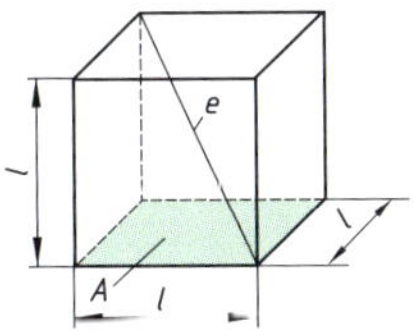

Volumen	Oberfläche	Länge	Grundfläche
$V = A \cdot l$	$A_O = 6 \cdot A$	$l = \frac{V}{A}$	$A = l \cdot l$
$V = l \cdot l \cdot l$	$A_O = 6 \cdot l^2$	$l = \sqrt[3]{V}$	$A = \frac{V}{l}$
$V = l^3$		$l = \sqrt{\frac{A_O}{6}}$	
		$e = \sqrt{3} \cdot l$	

A Grundfläche
A_O Oberfläche
e Eckenmaß
l Seitenlänge
V Volumen

Prisma (Quader)

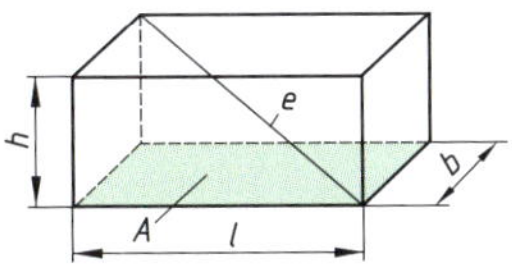

Volumen	Oberfläche	Abmessungen	Grundfläche
$V = A \cdot h$	$A_O = 2 \cdot A + A_M$	$h = \frac{V}{l \cdot b}$	$A = l \cdot b$
$V = l \cdot b \cdot h$	$A_M = 2 \cdot h \cdot (l + b)$	$h = \frac{V}{A}$	$A = \frac{V}{h}$
		$b = \frac{V}{l \cdot h}$	
		$l = \frac{V}{b \cdot h}$	
		$e = \sqrt{l^2 + b^2 + h^2}$	

A Grundfläche
A_M Mantelfläche
A_O Oberfläche
b Breite
e Eckenmaß
h Höhe
l Länge
V Volumen

Zylinder

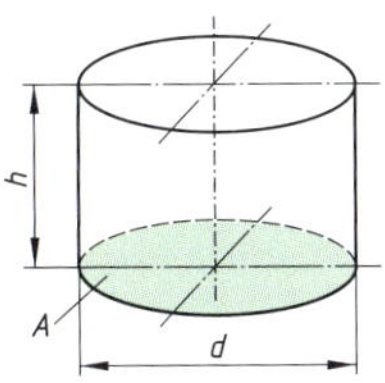

Volumen	Oberfläche	Abmessungen	Grundfläche
$V = A \cdot h$	$A_O = 2 \cdot A + A_M$	$h = \frac{V}{A} = \frac{4 \cdot V}{\pi \cdot d^2}$	$A = \frac{\pi \cdot d^2}{4}$
$V = \frac{\pi \cdot d^2}{4} \cdot h$	$A_M = \pi \cdot d \cdot h$	$h = \frac{A_M}{\pi \cdot d}$	$A = \frac{V}{h}$
		$d = \sqrt{\frac{4 \cdot A}{\pi}}$	
		$d = \sqrt{\frac{4 \cdot V}{\pi \cdot h}}$	

A Grundfläche
A_M Mantelfläche
A_O Oberfläche
d Durchmesser
h Höhe
V Volumen

Hohlzylinder

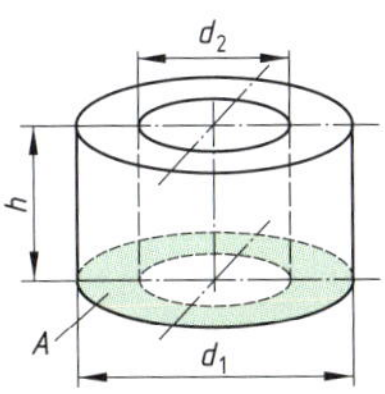

Volumen	Oberfläche	Abmessungen	Grundfläche
$V = A \cdot h$	$A_O = 2 \cdot A + A_{M,a} + A_{M,i}$	$h = \frac{V}{A}$	$A = \frac{V}{h}$
$V = \frac{\pi \cdot (d_1^2 - d_2^2)}{4} \cdot h$	$A_{M,a} = \pi \cdot d_1 \cdot h$	$h = \frac{4 \cdot V}{\pi \cdot (d_1^2 - d_2^2)}$	$A = \frac{\pi \cdot (d_1^2 - d_2^2)}{4}$
	$A_{M,i} = \pi \cdot d_2 \cdot h$	$d_1 = \sqrt{d_2^2 + \frac{4 \cdot V}{\pi \cdot h}}$	
		$d_2 = \sqrt{d_1^2 - \frac{4 \cdot V}{\pi \cdot h}}$	

A Grundfläche
$A_{M,a}$ Mantel, außen
$A_{M,i}$ –, innen
A_O Oberfläche
d_1 Durchmesser, außen
d_2 –, innen
h Höhe
V Volumen

Volumen

Pyramide

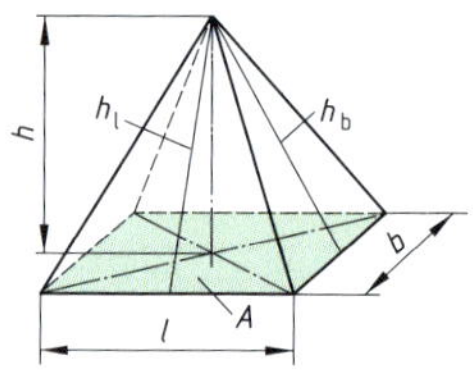

Volumen

$$V = \frac{A \cdot h}{3}$$

$$V = \frac{l \cdot b \cdot h}{3}$$

Oberfläche

$$A_O = A + A_M$$

$$A_M = l \cdot h_l + b \cdot h_b$$

Abmessungen

$$h = \frac{3 \cdot V}{A}$$

$$h = \frac{3 \cdot V}{l \cdot b}$$

$$l = \frac{3 \cdot V}{b \cdot h}$$

$$b = \frac{3 \cdot V}{l \cdot h}$$

Grundfläche

$$A = l \cdot b$$

$$A = \frac{3 \cdot V}{h}$$

$$h_b = \sqrt{h^2 + l^2/4}$$

$$h_l = \sqrt{h^2 + b^2/4}$$

A Grundfläche
A_M Mantelfläche
A_O Oberfläche
b Breite
h Höhe
h_b, h_l Mantelhöhen
l Länge
V Volumen

Kegel

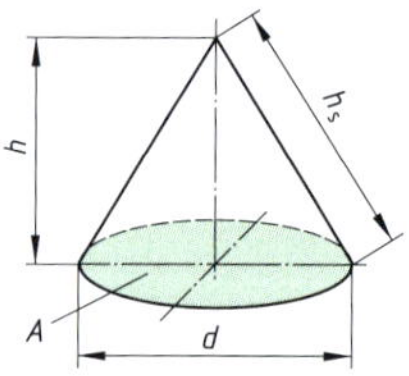

Volumen

$$V = \frac{A \cdot h}{3}$$

$$V = \frac{\pi \cdot d^2 \cdot h}{12}$$

Oberfläche

$$A_O = A + A_M$$

$$A_M = \frac{\pi \cdot d \cdot h_s}{2}$$

Abmessungen

$$h = \frac{12 \cdot V}{\pi \cdot d^2} = \frac{3 \cdot V}{A}$$

$$h_s = \sqrt{h^2 + d^2/4}$$

$$d = \sqrt{\frac{12 \cdot V}{\pi \cdot h}}$$

$$d = \sqrt{\frac{4 \cdot A}{\pi}}$$

Grundfläche

$$A = \frac{\pi \cdot d^2}{4}$$

$$A = \frac{3 \cdot V}{h}$$

A Grundfläche
A_M Mantelfläche
A_O Oberfläche
d Durchmesser
h Höhe
h_s Mantelhöhe
V Volumen

Pyramidenstumpf

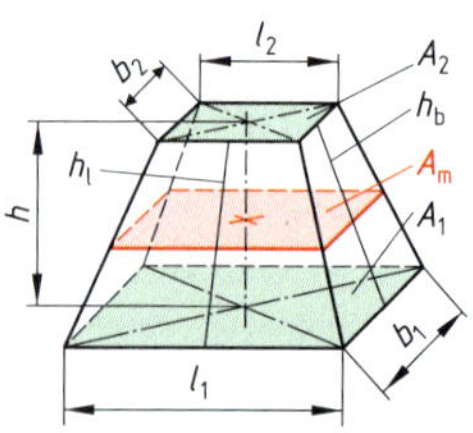

Volumen

$$V \approx \frac{A_1 + A_2}{2} \cdot h$$

$$V \approx A_m \cdot h$$

$$V = \frac{h}{3} \cdot (A_1 + A_2 + \sqrt{A_1 \cdot A_2})$$

Oberfläche

$$A_O = A_1 + A_2 + A_M$$

$$A_M = h_l \cdot (l_1 + l_2) + h_b \cdot (b_1 + b_2)$$

Höhe

$$h \approx \frac{2 \cdot V}{A_1 + A_2}$$

$$h \approx \frac{V}{A_m}$$

Mittelfläche

$$A_m = \frac{A_1 + A_2}{2}$$

$$A_m \approx \frac{V}{h}$$

Grundflächen

$$A_1 = l_1 \cdot b_1$$

$$A_2 = l_2 \cdot b_2$$

$$A_1 \approx \frac{2 \cdot V}{h} - A_2$$

$$A_2 \approx \frac{2 \cdot V}{h} - A_1$$

A_1, A_2 Grundflächen
A_m Mittelfläche
A_M Mantelfläche
A_O Oberfläche
b_1, b_2 Breiten
h Höhe
h_b, h_l Mantelhöhen
l_1, l_2 Längen
V Volumen

Kegelstumpf

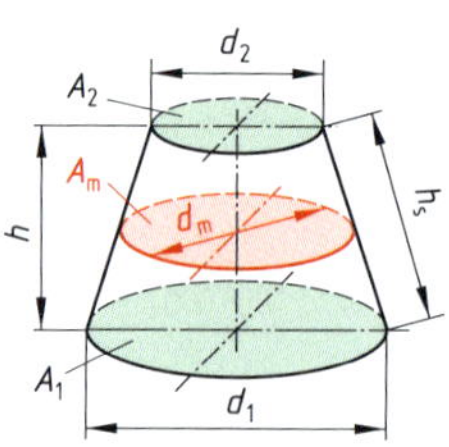

Volumen

$$V \approx \frac{A_1 + A_2}{2} \cdot h = A_m \cdot h$$

$$V = \frac{\pi \cdot h}{12} \cdot (d_1^2 + d_2^2 + d_1 \cdot d_2)$$

Oberfläche

$$A_O = A_1 + A_2 + A_M$$

$$A_M = \frac{\pi \cdot h_s \cdot (d_1 + d_2)}{2}$$

Höhe

$$h \approx \frac{2 \cdot V}{A_1 + A_2} = \frac{V}{A_m}$$

$$h_s = \sqrt{h^2 + \left(\frac{d_1 - d_2}{2}\right)^2}$$

Mittelfläche

$$A_m = \frac{A_1 + A_2}{2}$$

$$A_m \approx \frac{V}{h}$$

Grundflächen

$$A_1 = \frac{\pi \cdot d_1^2}{4}$$

$$A_2 = \frac{\pi \cdot d_2^2}{4}$$

$$A_1 \approx \frac{2 \cdot V}{h} - A_2$$

$$A_2 \approx \frac{2 \cdot V}{h} - A_1$$

A_1, A_2 Grundflächen
A_m Mittelfläche
A_M Mantelfläche
A_O Oberfläche
d_1, d_2 Durchmesser
h Höhe
h_s Mantelhöhe
V Volumen

Kugel

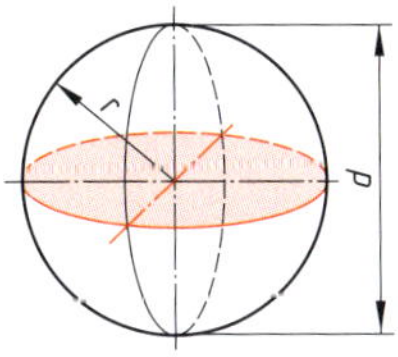

Volumen	Oberfläche	Durchmesser	Radius (Halbmesser)
$V = \frac{\pi \cdot d^3}{6} = 0{,}523 \cdot d^3$	$A_O = \pi \cdot d^2$	$d = \sqrt[3]{\frac{6 \cdot V}{\pi}}$	$r = \sqrt[3]{\frac{3 \cdot V}{4 \cdot \pi}}$
$V = \frac{4 \cdot \pi \cdot r^3}{3}$	$A_O = 4 \cdot \pi \cdot r^2$	$d = \sqrt{\frac{A_O}{\pi}}$	$r = \sqrt{\frac{A_O}{4 \cdot \pi}}$

A_O Oberfläche
d Durchmesser
r Radius (Halbmesser)
V Volumen

Umdrehungskörper

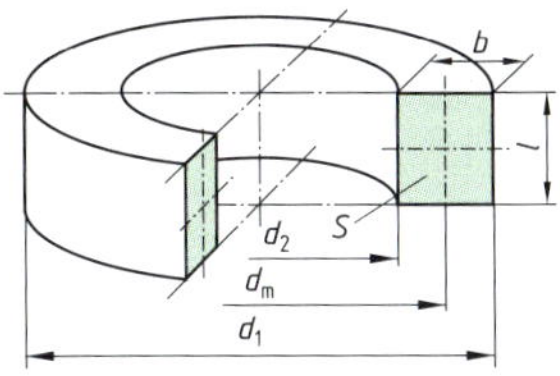

Volumen	Oberfläche	Durchmesser	Querschnitt
$V = \pi \cdot d_m \cdot l \cdot b$	$A_O = 2 \cdot \pi \cdot d_m \cdot (l + b)$	$d_m = \frac{d_1 + d_2}{2}$	$S = \frac{V}{\pi \cdot d_m}$
$V = \pi \cdot d_m \cdot S$	$A_O = \pi \cdot d_m \cdot U$	$d_m = \frac{V}{\pi \cdot l \cdot b}$	$U = 2 \cdot (l + b)$
		$d_m = \frac{V}{\pi \cdot S}$	$l = \frac{V}{\pi \cdot d_m \cdot b}$
			$b = \frac{d_1 - d_2}{2}$

A_O Oberfläche
b Querschnittsbreite
d_1 Durchmesser, äußerer
d_2 –, innerer
d_m –, mittlerer
l Querschnittslänge
S Querschnittsfläche
U Querschnittsumfang
V Volumen

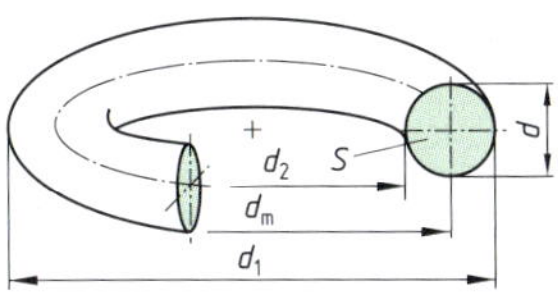

Volumen	Oberfläche	Durchmesser	Querschnitt
$V = \frac{\pi^2 \cdot d_m \cdot d^2}{4}$	$A_O = \pi^2 \cdot d_m \cdot d$	$d_m = \frac{d_1 + d_2}{2}$	$S = \frac{\pi \cdot d^2}{4}$
$V = \pi \cdot d_m \cdot S$	$A_O = \pi \cdot d_m \cdot U$	$d_m = \frac{4 \cdot V}{\pi^2 \cdot d^2}$	$S = \frac{V}{\pi \cdot d_m}$
		$d_m = \frac{V}{\pi \cdot S}$	$U = \pi \cdot d$
		$d = \sqrt{\frac{4 \cdot V}{\pi^2 \cdot d_m}}$	

A_O Oberfläche
d Durchmesser
d_1 –, äußerer
d_2 –, innerer
d_m –, mittlerer
S Querschnittsfläche
U Querschnittsumfang
V Volumen

Zusammengesetzte Körper

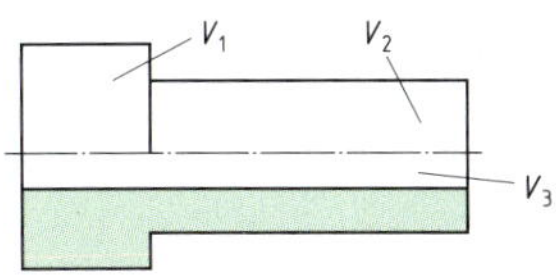

Volumen

Für den dargestellten Körper gilt:
$V = V_1 + V_2 - V_3$

Allgemein

$V = V_1 \pm V_2 \pm V_3 \pm \ldots$

V Gesamtvolumen
V_1 Teilkörpervolumen 1
V_2 Teilkörpervolumen 2
V_3 Teilkörpervolumen 3

Regel

1. Zusammengesetzte Körper werden zur Berechnung ihres Volumens in einfache Teilkörper zerlegt.
2. Durch Zusammenzählen und Abziehen der einzelnen Teilkörpervolumen ergibt sich das Gesamtvolumen.

Dichte

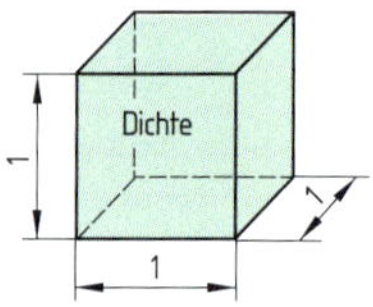

Dichte

$$\varrho = \frac{m}{V}$$

Bei Gasen wird die Dichte im Normzustand bei 1013 mbar bzw. 1013 hPa und 0 °C in kg/m³ angegeben.

Größe		Einheit
m	Masse	g, kg
V	Volumen	cm³, dm³ (l), m³
ϱ	Dichte	g/cm³, kg/dm³ bei Gasen kg/m³

Masse

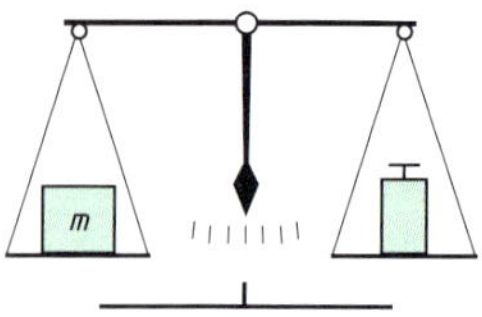

Masse

$$m = V \cdot \varrho$$

$$m = \frac{F_G}{g}$$

Volumen

$$V = \frac{m}{\varrho}$$

$$V = \frac{F_G}{\varrho \cdot g}$$

Größe		Einheit
F_G	Gewichtskraft	N
g	Fallbeschleunigung	9,81 m/s²
m	Masse	kg
ϱ	Dichte	kg/dm³
V	Volumen	dm³

Gewichtskraft

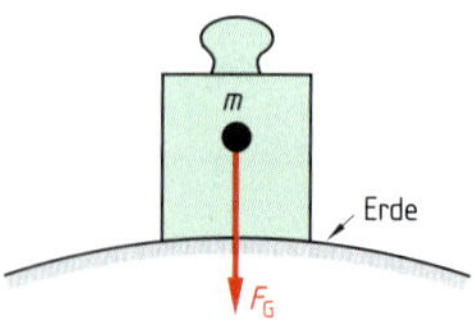

Gewichtskraft

$$F_G = m \cdot g$$

$$F_G = V \cdot \varrho \cdot g$$

$$m = \frac{F_G}{g}$$

$$g = \frac{F_G}{m}$$

Volumen

$$V = \frac{F_G}{\varrho \cdot g}$$

Dichte

$$\varrho = \frac{F_G}{V \cdot g}$$

Größe		Einheit
F_G	Gewichtskraft	N
g	Fallbeschleunigung	9,81 m/s²
m	Masse	kg
V	Volumen	dm³
ϱ	Dichte	kg/dm³

In technischen Berechnungen wird als Fallbeschleunigung der Normwert eingesetzt:
$g = 9{,}81\ \text{m/s}^2 \approx 10\ \text{m/s}^2$

Kraft

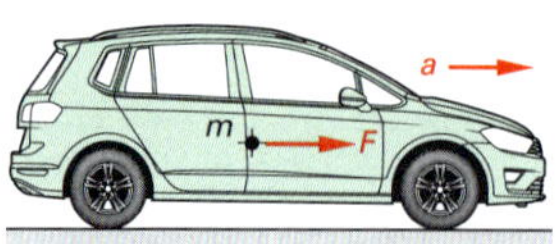

Kraft, Masse

$$F = m \cdot a$$

$$m = \frac{F}{a}$$

Beschleunigung

$$a = \frac{F}{m}$$

Größe		Einheit
a	Beschleunigung	m/s²
F	Kraft	N
m	Masse	kg

1 Newton (N) ist gleich der Kraft, die einem Körper der Masse 1 kg die Beschleunigung 1 m/s² erteilt.
$1\ \text{N} = 1\ \text{kg} \cdot 1\ \text{m/s}^2 = 1\ \text{kgm/s}^2$

Darstellung einer Kraft

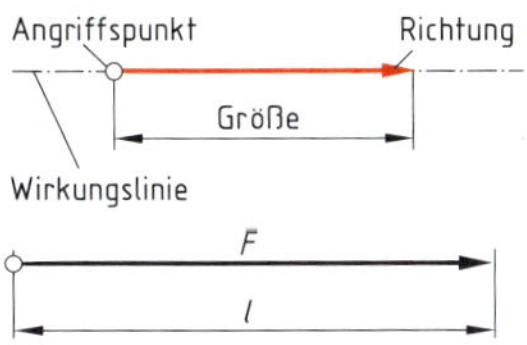

Darstellung

Eine Kraft ist eindeutig bestimmt durch: 1. Angriffspunkt, 2. Größe, 3. Richtung.

Zeichnerisch wird eine Pfeilstrecke (Kraftpfeil) mit Hilfe des Kräftemaßstabes dargestellt.

Kräftemaßstab

$KM = \frac{l}{F}$ $\quad l = F \cdot KM$ $\quad F = \frac{l}{KM}$

Größe		Einheit
F	Größe der Kraft	N
l	zeichnerische Länge	mm
KM	Kräftemaßstab	mm/N

Angabe des Maßstabes (Beispiel):

KM: 1 mm ≙ 5 N oder $KM = \frac{1\,\text{mm}}{5\,\text{N}}$

oder $KM = 0{,}2\,\frac{\text{mm}}{\text{N}}$

Zusammensetzung von Kräften

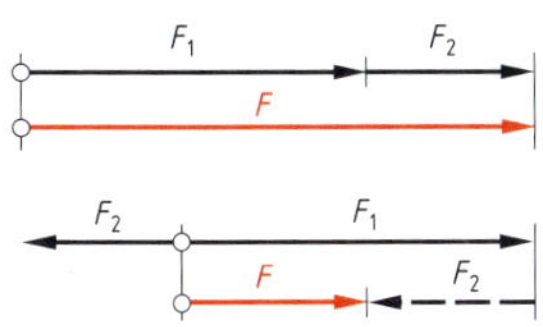

Kräfte mit derselben Wirkungslinie

Richtung gleich: $F = F_1 + F_2 + \ldots$

entgegengesetzt: $F = F_1 - F_2$

Größe		Einheit
F	Kraft, Ersatzkraft	N
F_1	Einzelkraft 1	N
F_2	Einzelkraft 2	N
F_3	Einzelkraft 3	N

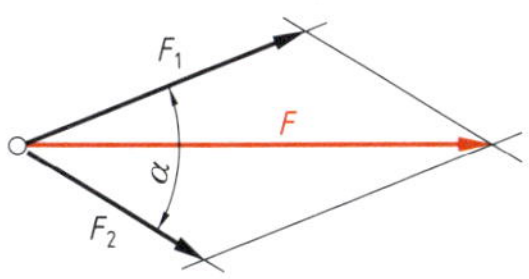

Zwei Kräfte mit beliebiger Wirkungslinie

$F = \sqrt{F_1^2 + F_2^2 + 2 \cdot F_1 \cdot F_2 \cdot \cos\alpha}$

Zeichnerische Lösung:

1. Kräftemaßstab wählen
2. F_1 und F_2 maßstabgerecht nach Größe und Richtung aufzeichnen
3. Die Diagonale des Parallelogramms entspricht der Ersatzkraft F

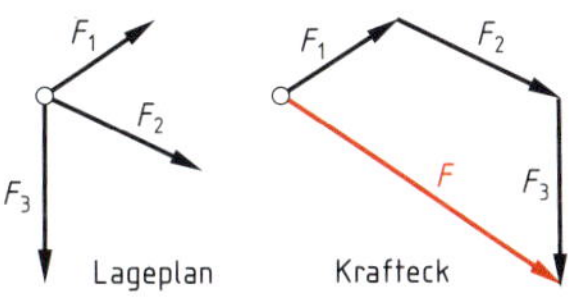

Mehrere Kräfte mit bel. Wirkungslinie

Zeichnerische Lösung:

1. Kräftemaßstab wählen
2. Einzelkräfte in beliebiger Reihenfolge zu einem Krafteck aneinanderreihen
3. Die Verbindungslinie vom Anfangspunkt der ersten Kraft bis zum Endpunkt der letzten Kraft ist die gesuchte Ersatzkraft F

Zerlegung von Kräften

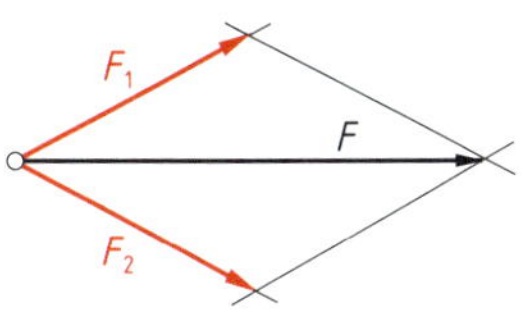

In zwei gegebene Richtungen

Zeichnerische Lösung:

1. Kräftemaßstab wählen
2. Die zu zerlegende Kraft F maßstabsgerecht aufzeichnen
3. Durch beide Endpunkte der Kraft F Parallelen zu den gegebenen Wirkungslinien ziehen
4. F_1 und F_2 sind die gesuchten Kräfte

Größe		Einheit
F	zu zerlegende Kraft	N
F_1	Einzelkraft 1, Teilkraft 1	N
F_2	Einzelkraft 2, Teilkraft 2	N

Kräfte an Steigungen

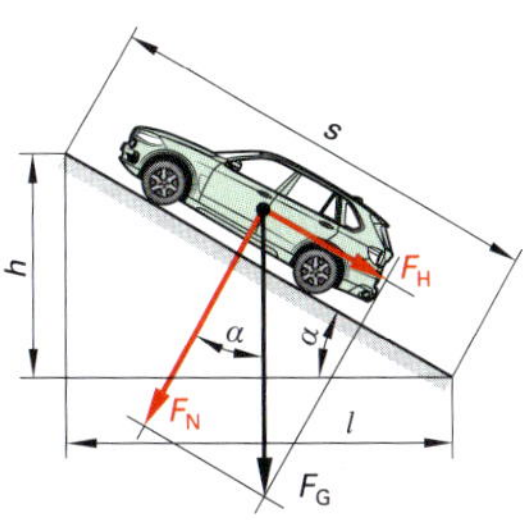

Normalkraft

$F_N = \frac{F_G \cdot l}{s}$

$F_N = F_G \cdot \cos\alpha$

Steigungswinkel

$\tan\alpha = \frac{h}{l} = \frac{S}{100\,\%}$

$\sin\alpha = \frac{h}{s}$

Hangabtriebskraft für kleine Steigungen

$F_H = \frac{F_G \cdot h}{s}$ $\quad F_H \approx \frac{F_G \cdot h}{l} = \frac{F_G \cdot S}{100\,\%}$

$F_H = F_G \cdot \sin\alpha$ $\quad F_H \approx F_G \cdot \tan\alpha$

Größe		Einheit
F_G	Gewichtskraft des Körpers (Fahrzeug)	N
F_H	Hangabtriebskraft	N
F_N	Normalkraft	N
g	Fallbeschleunigung	m/s²
h	Höhenunterschied	m
l	waagrechte Länge	m
m	Masse des Körpers (Fahrzeug)	kg
S	Steigung	%
s	schräge Länge, Straßenlänge	m
α	Steigungswinkel	°

Drehmoment

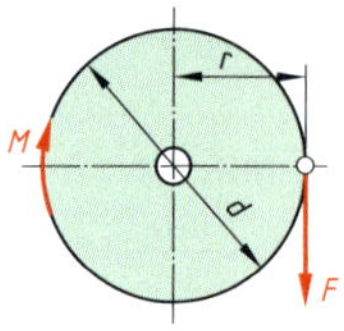

Drehmoment

$M = F \cdot r$ $\quad M = F \cdot \frac{d}{2}$

Kraft $\quad F = \frac{M}{r}$

Hebelarm $\quad r = \frac{M}{F}$

Größe		Einheit
d	Durchmesser	m
F	Kraft	N
M	Drehmoment	Nm
r	Hebelarm	m

Hebel

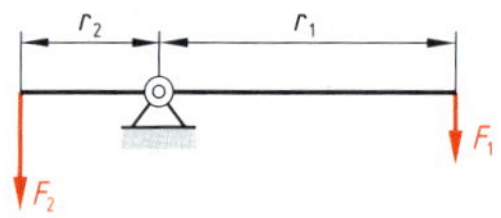

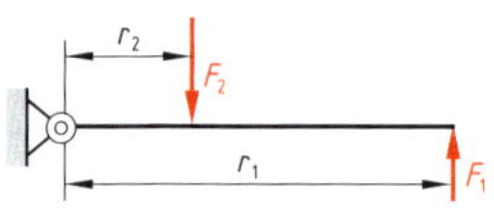

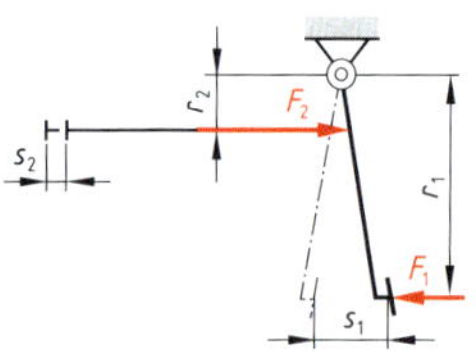

Hebelgesetz

$F_1 \cdot r_1 = F_2 \cdot r_2$

Übersetzung

$i = \frac{F_1}{F_2},\ i = \frac{r_2}{r_1},\ i = \frac{s_2}{s_1}$

Kräfte am Hebel

$F_1 = \frac{F_2 \cdot r_2}{r_1}$ $\quad F_2 = \frac{F_1 \cdot r_1}{r_2}$

$F_1 = F_2 \cdot i$ $\quad F_2 = \frac{F_1}{i}$

Hebelarme

$r_1 = \frac{F_2 \cdot r_2}{F_1}$

$r_2 = \frac{F_1 \cdot r_1}{F_2}$

Kraftwege

$s_1 = \frac{s_2}{i}$

$s_2 = s_1 \cdot i$

Mehrfache Hebelübersetzung

$i = i_1 \cdot i_2 \cdot \ldots$ $\quad i = \frac{r_2 \cdot r_4 \cdot \ldots}{r_1 \cdot r_3 \cdot \ldots}$

Größe		Einheit
F_1	Kraft 1 am Hebel	N
F_2	Kraft 2 am Hebel	N
i	Gesamtübersetzung	–
i_1	Einzelübersetzung	–
i_2	Einzelübersetzung	–
r_1	Hebelarm 1	m
r_2	Hebelarm 2	m
s_1	Kraftweg 1	mm, m
s_2	Kraftweg 2	mm, m

Auflager

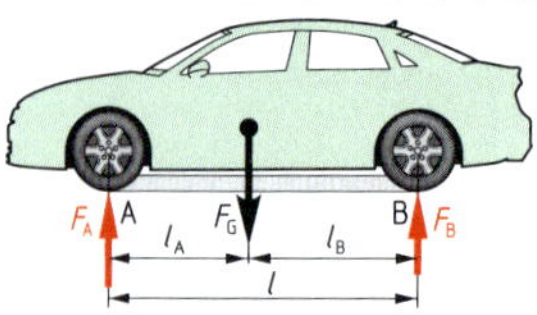

Auflagerkräfte aus einer Gewichtskraft

$\sum M_B = 0$ $\quad \sum M_A = 0$

$F_A \cdot l = F_G \cdot l_B$ $\quad F_B \cdot l = F_G \cdot l_A$

$F_A = \frac{F_G \cdot l_B}{l}$ $\quad F_B = \frac{F_G \cdot l_A}{l}$

$\sum F = 0$

$F_A = F_G - F_B$ $\quad F_B = F_G - F_A$

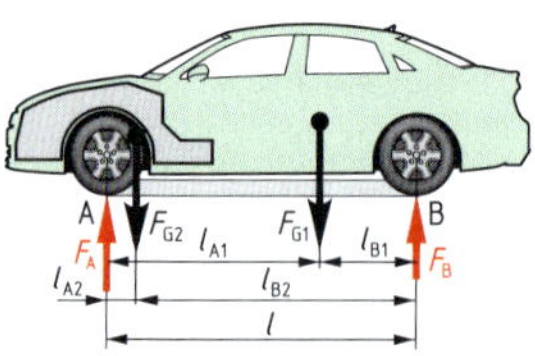

– aus mehreren Gewichtskräften

$F_A = \frac{F_{G1} \cdot l_{B1} + F_{G2} \cdot l_{B2}}{l}$

$F_A = F_{G1} + F_{G2} - F_B$

$F_B = \frac{F_{G1} \cdot l_{A1} + F_{G2} \cdot l_{A2}}{l}$

$F_B = F_{G1} + F_{G2} - F_A$

Größe		Einheit
F_A	Auflagerkraft im Auflager A	N
F_B	– im Auflager B	N
F_G	Gewichtskraft	N
F_{G1}	Gewichtskraft 1 (Fahrzeugaufbau)	N
F_{G2}	Gewichtskraft 2 (Motor und Getriebe)	N
l	Abstand der Auflager	m
l_A	Schwerpunktabstand, F_G bis A	m
l_{A1}	–, Gewichtskraft F_{G1} bis A	m
l_{A2}	–, Gewichtskraft F_{G2} bis A	m
l_B	–, Gewichtskraft F_G bis B	m
l_{B1}	–, Gewichtskraft F_{G1} bis B	m
l_{B2}	–, Gewichtskraft F_{G2} bis B	m
$\sum F$	Summe der Kräfte	N
$\sum M_A$	Summe der Drehmomente um A	Nm
$\sum M_B$	Summe der Drehmomente um B	Nm

Fliehkraft (Zentrifugalkraft)

v in m/s

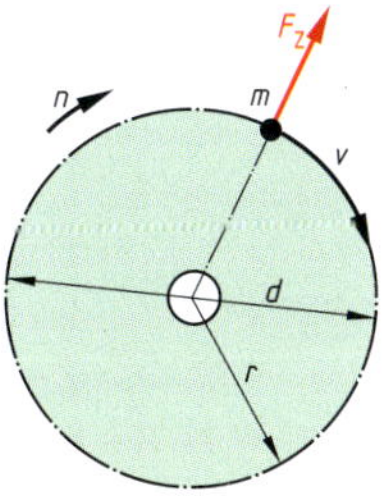

Fliehkraft

$$F_Z = \frac{m \cdot v^2}{r} \qquad F_Z = \frac{m \cdot \pi^2 \cdot n^2 \cdot d}{900}$$

$$F_Z = \frac{m \cdot n^2 \cdot d}{91{,}19}$$

Geschwindigkeit

$$v = \sqrt{\frac{F_Z \cdot r}{m}}$$

Drehzahl

$$n = \sqrt{\frac{F_Z \cdot 900}{m \cdot \pi^2 \cdot d}}$$

$$n = \sqrt{\frac{F_Z \cdot 91{,}19}{m \cdot d}}$$

Radius

$$r = m \cdot \frac{v^2}{F_Z}$$

Durchmesser

$$d = \frac{F_Z \cdot 900}{m \cdot \pi^2 \cdot n^2}$$

$$d = \frac{F_Z \cdot 91{,}19}{m \cdot n^2}$$

Größe		Einheit
d	Durchmesser	m
F_Z	Fliehkraft	N
m	Masse	kg
n	Drehzahl	1/min
r	Radius	m
v	Geschwindigkeit	m/s

Umrechnung: 1 m/s = 3,6 km/h

Kurvenfahrt

v in km/h

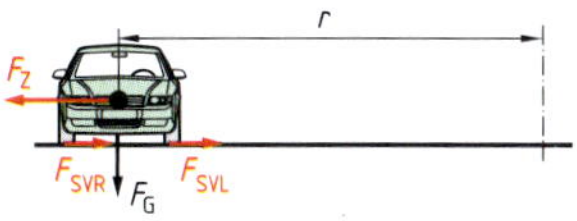

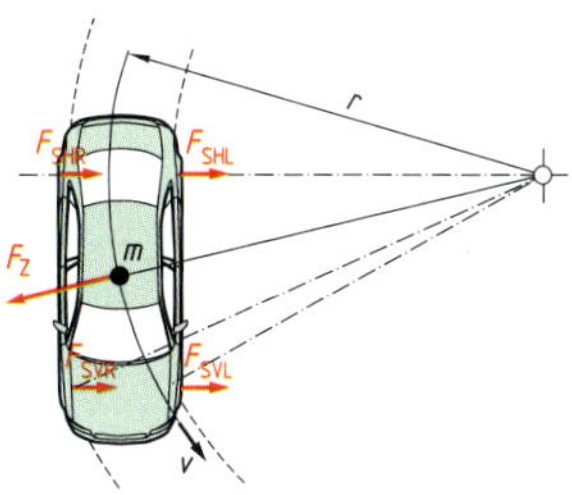

Fliehkraft

$$F_Z = \frac{m \cdot v^2}{12{,}96 \cdot r}$$

Seitenführungskraft, Reibkraft

$F_S = F_{SVL} + F_{SVR} + F_{SHL} + F_{SHR}$

$F_{Smax} = F_{Rmax}$

$F_{Rmax} = m \cdot g \cdot \mu_H$

Geschwindigkeit

$$v = 3{,}6 \cdot \sqrt{\frac{F_Z \cdot r}{m}}$$

mit $F_{Zmax} = F_{Rmax} = m \cdot g \cdot \mu_H$:

$$v_{max} = 3{,}6 \cdot \sqrt{g \cdot r \cdot \mu_H}$$

Kurvenradius (-halbmesser)

$$r = \frac{m \cdot v^2}{12{,}96 \cdot F_Z}$$

mit $F_{Zmax} = F_{Rmax} = m \cdot g \cdot \mu_H$:

$$r_{min} = \frac{v^2}{12{,}96 \cdot g \cdot \mu_H}$$

Neigungswinkel zur Senkrechten

$$\tan \alpha = \frac{v^2}{12{,}96 \cdot g \cdot r}$$

mit $v_{max}{}^2 = 12{,}96 \cdot g \cdot r \cdot \mu_H$:

$\tan \alpha_{max} = \mu_H$

Größe		Einheit
F_G	Gewichtskraft des Fahrzeugs	N
F_{Rmax}	maximal mögliche Reibkraft zwischen Fahrbahn und Reifen	N
F_S	Gesamtseitenführungskraft	N
F_{Smax}	–, maximale (bei stabiler Kurvenfahrt)	N
F_{SHL}	Seitenführungskraft Rad hinten links	N
F_{SHR}	Seitenführungskraft Rad hinten rechts	N
F_{SVL}	Seitenführungskraft Rad vorne links	N
F_{SVR}	Seitenführungskraft Rad vorne rechts	N
F_Z	Fliehkraft	N
F_{Zmax}	–, maximale (bei stabiler Kurvenfahrt)	N
g	Fallbeschleunigung	9,81 m/s²
m	Fahrzeugmasse	kg
r	Kurvenradius (-halbmesser)	m
r_{min}	–, minimaler (bei stabiler Kurvenfahrt)	m
v	Fahrgeschwindigkeit	km/h
v_{max}	–, maximale (bei stabiler Kurvenfahrt)	km/h
α	Neigungswinkel zur Senkrechten	°
α_{max}	–, maximaler (bei stabiler Kurvenfahrt)	°

Anmerkung: $12{,}96 = 3{,}6^2$

Die Formeln für F_{Rmax}, v_{max}, r_{min} und α_{max} gelten nur für nicht überhöhte Kurven und bei Betrachtung der Fahrzeuge als starre Körper. Für Kurvenfahrt mit konstanter Geschwindigkeit (ohne Brems- und Beschleunigungskräfte an den Rädern) gilt:

Stabile Kurvenfahrt	$F_Z < F_{Rmax}$
Grenzbereich	$F_Z = F_{Rmax}$
Schleudern, Rutschen	$F_Z > F_{Rmax}$

Geschwindigkeit

Durchschnittsgeschwindigkeit

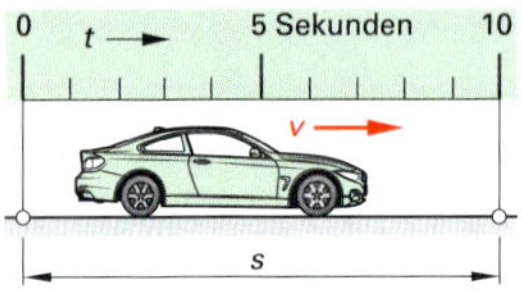

$$v = \frac{s}{t}$$

$$t = \frac{s}{v} \qquad s = v \cdot t$$

Größe		Einheit
s	Weg	m, km
t	Zeit	s, h
v	Geschwindigkeit	m/s, km/h

Umrechnung der Einheiten:

$$1\ \text{m/s} = 3{,}6\ \text{km/h}$$

$$1\ \text{km/h} = \frac{1}{3{,}6}\ \text{m/s}$$

Umfangsgeschwindigkeit

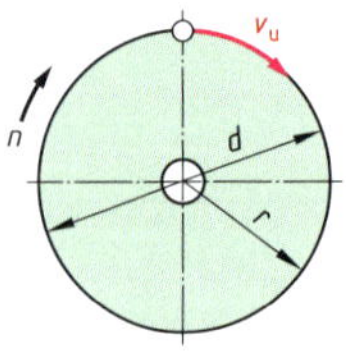

$$v_u = \frac{\pi \cdot d \cdot n}{60} \qquad v_u = \frac{\pi \cdot r \cdot n}{30}$$

$$d = \frac{60 \cdot v_u}{\pi \cdot n} \qquad n = \frac{60 \cdot v_u}{\pi \cdot d}$$

$$r = \frac{30 \cdot v_u}{\pi \cdot n} \qquad n = \frac{30 \cdot v_u}{\pi \cdot r}$$

Größe		Einheit
d	Durchmesser	m
n	Drehzahl	1/min
r	Radius (Halbmesser)	m
v_u	Umfangsgeschwindigkeit	m/s

Schnittgeschwindigkeit

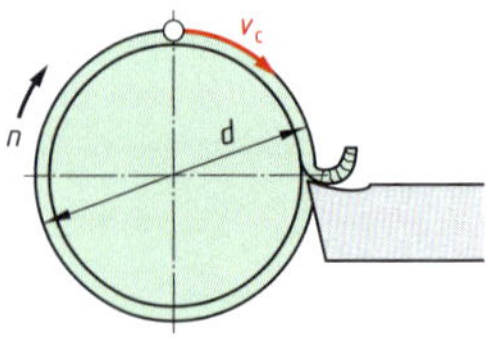

mit d in mm:

$$v_c = \frac{\pi \cdot d \cdot n}{1000} \qquad d = \frac{1000 \cdot v_c}{\pi \cdot n} \qquad n = \frac{1000 \cdot v_c}{\pi \cdot d}$$

mit d in m:

$$v_c = \pi \cdot d \cdot n \qquad d = \frac{v_c}{\pi \cdot n} \qquad n = \frac{v_c}{\pi \cdot d}$$

Größe		Einheit
d	Durchmesser des Werkstückes beim Drehen	mm, m
d	Durchmesser des Werkzeuges beim Bohren und Fräsen	mm, m
n	Drehzahl des Werkstückes beim Drehen, des Werkzeuges beim Bohren und Fräsen	1/min
v_c	Schnittgeschwindigkeit	m/min

Beim Schleifen wird die Schnittgeschwindigkeit in m/s angegeben, daher ist die Lösungsformel für v_u (Umfangsgeschwindigkeit) zu verwenden.

Winkelgeschwindigkeit

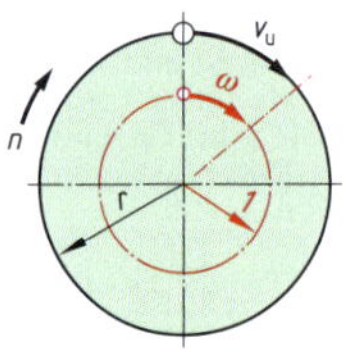

$$\omega = \frac{\pi \cdot n}{30} \qquad v_u = \omega \cdot r$$

$$n = \frac{30 \cdot \omega}{\pi} \qquad r = \frac{v_u}{\omega}$$

Größe		Einheit
n	Drehzahl	1/min
r	Radius (Halbmesser)	m
v_u	Umfangsgeschwindigkeit	m/s
ω	Winkelgeschwindigkeit	1/s

Umrechnung der Winkeleinheiten:

$$1\ \text{rad} = \frac{180^\circ}{\pi} = 57{,}3^\circ$$

$$1^\circ = \frac{\pi}{180^\circ}\ \text{rad} = 0{,}0174\ \text{rad}$$

Beschleunigen aus dem Stand, Bremsen bis zum Stand

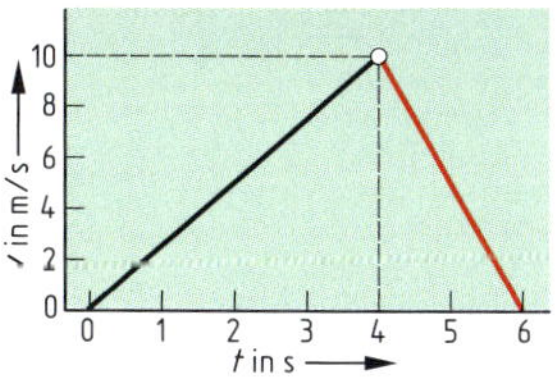

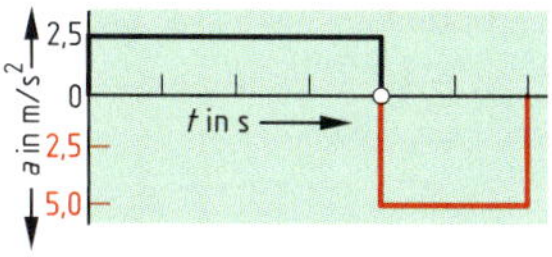

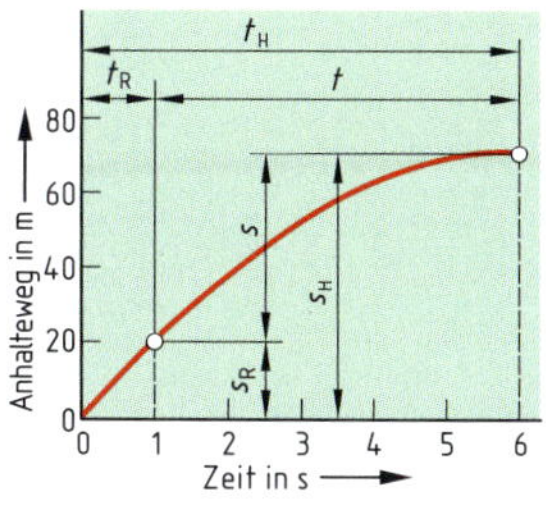

$a = \frac{v}{t}$ $\quad a = \frac{2 \cdot s}{t^2}$ $\quad a = \frac{v^2}{2 \cdot s}$

$s = \frac{v \cdot t}{2}$ $\quad s = \frac{a \cdot t^2}{2}$ $\quad s = \frac{v^2}{2 \cdot a}$

$s = s_H - s_R$ (beim Bremsen)

$t = \frac{v}{a}$ $\quad t = \frac{2 \cdot s}{v}$ $\quad t = \sqrt{\frac{2 \cdot s}{a}}$

$v = a \cdot t$ $\quad v = \frac{2 \cdot s}{t}$ $\quad v = \sqrt{2 \cdot a \cdot s}$

Anhalteweg	Reaktionsweg
$s_H = s_R + s$	$s_R = s_H - s$
	$s_R = v \cdot t_R$

Anhaltezeit

$t_H = t_R + t$

Größe		Einheit
Beschleunigen:		
a	Beschleunigung	m/s²
s	Beschleunigungsweg	m
t	Beschleunigungszeit	s
v	Geschwindigkeit nach dem Beschleunigen	m/s
Bremsen:		
a	Bremsverzögerung	m/s²
s	Bremsweg (Verzögerungsweg)	m
s_H	Anhalteweg	m
s_R	Reaktionsweg	m
t	Bremszeit	s
t_H	Anhaltezeit	s
t_R	Reaktionszeit	s
v	Geschwindigkeit vor dem Bremsen	m/s

Umrechnung der Einheiten:

1 m/s = 3,6 km/h

1 km/h = $\frac{1}{3,6}$ m/s

Beschleunigen und Bremsen in der Bewegung

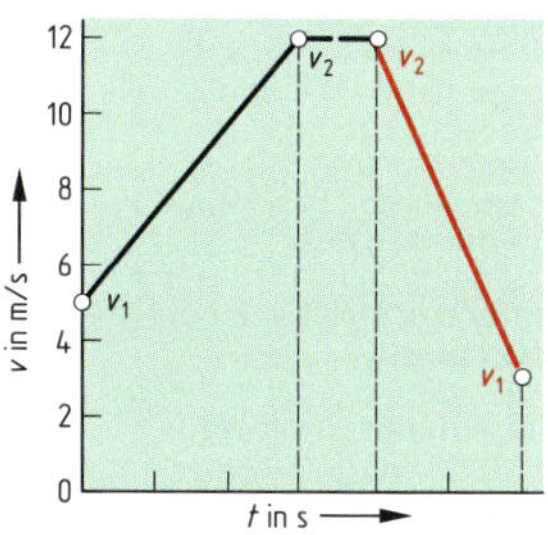

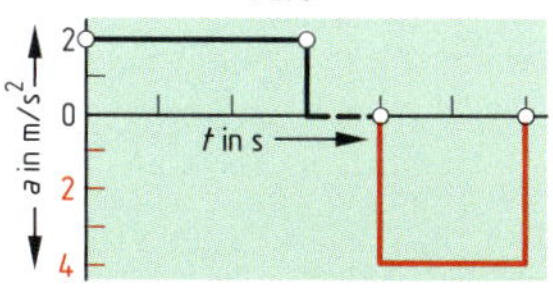

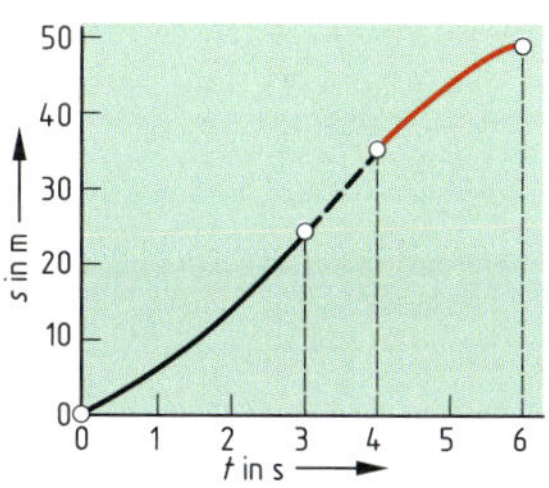

$a = \frac{v_2 - v_1}{t}$ $a = \frac{v_2^2 - v_1^2}{2 \cdot s}$	$a = \frac{2 \cdot s - 2 \cdot v_1 \cdot t}{t^2}$ $a = \frac{2 \cdot v_2 \cdot t - 2 \cdot s}{t^2}$
$s = \frac{(v_1 + v_2) \cdot t}{2}$ $s = \frac{v_2^2 - v_1^2}{2 \cdot a}$	$s = v_1 \cdot t + \frac{a \cdot t^2}{2}$ $s = v_2 \cdot t - \frac{a \cdot t^2}{2}$
$t = \frac{v_2 - v_1}{a}$ $t = \frac{2 \cdot s}{v_1 + v_2}$	$t = \frac{\sqrt{v_1^2 + 2 \cdot a \cdot s} - v_1}{a}$ $t = \frac{v_2 - \sqrt{v_2^2 - 2 \cdot a \cdot s}}{a}$
$v_1 = v_2 - a \cdot t$ $v_1 = \frac{2 \cdot s - v_2 \cdot t}{t}$	$v_1 = \frac{2 \cdot s - a \cdot t^2}{2 \cdot t}$ $v_1 = \sqrt{v_2^2 - 2 \cdot a \cdot s}$
$v_2 = v_1 + a \cdot t$ $v_2 = \frac{2 \cdot s - v_1 \cdot t}{t}$	$v_2 = \frac{2 \cdot s + a \cdot t^2}{2 \cdot t}$ $v_2 = \sqrt{v_1^2 + 2 \cdot a \cdot s}$

Größe		Einheit
Beschleunigen:		
a	Beschleunigung	m/s²
s	Beschleunigungsweg	m
t	Beschleunigungszeit	s
v_1	Geschwindigkeit vor dem Beschleunigen	m/s
v_2	Geschwindigkeit nach dem Beschleunigen	m/s
Bremsen:		
a	Bremsverzögerung	m/s²
s	Bremsweg (Verzögerungsweg)	m
t	Bremszeit (Verzögerungszeit)	s
v_1	Geschwindigkeit nach dem Bremsen	m/s
v_2	Geschwindigkeit vor dem Bremsen	m/s

Überholen

Konstante Geschwindigkeit

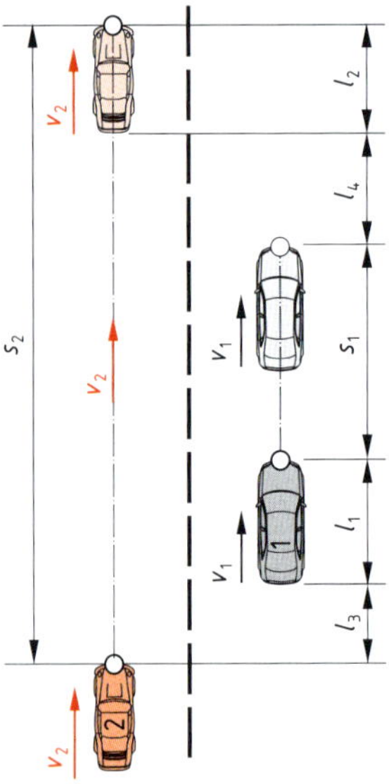

Überholweg

$s_2 = s_1 + s_A$

$s_2 = v_2 \cdot t$

$s_2 = \dfrac{s_A \cdot v_2}{v_2 - v_1}$

Grundweg

$s_1 = s_2 - s_A$

$s_1 = v_1 \cdot t$

$s_1 = \dfrac{s_A \cdot v_1}{v_2 - v_1}$

Aufholweg

$s_A = l_1 + l_2 + l_3 + l_4$

$s_A = s_2 - s_1$

$s_A = (v_2 - v_1) \cdot t$

Überholzeit

$t = \dfrac{s_1}{v_1}$

$t = \dfrac{s_2}{v_2}$

$t = \dfrac{s_A}{v_2 - v_1}$

Geschwindigkeit

$v_1 = \dfrac{s_1}{t}$ $\qquad v_2 = \dfrac{s_2}{t}$

$v_1 = v_2 - \dfrac{s_A}{t}$ $\qquad v_2 = v_1 + \dfrac{s_A}{t}$

Größe		Einheit
l_1	Länge des Fahrzeugs 1	m
l_2	Länge des Fahrzeugs 2	m
$l_{3,4}$	Fahrzeugabstand	m
s_1	Grundweg des zu überholenden (langsameren) Fahrzeugs 1	m
s_2	Überholweg des überholenden (schnelleren) Fahrzeugs 2	m
s_A	Aufholweg des Fahrzeugs 2	m
t	Überholzeit	s
v_1	Geschwindigkeit, Fahrzeug 1	m/s
v_2	Geschwindigkeit, Fahrzeug 2	m/s

Konstante Beschleunigung

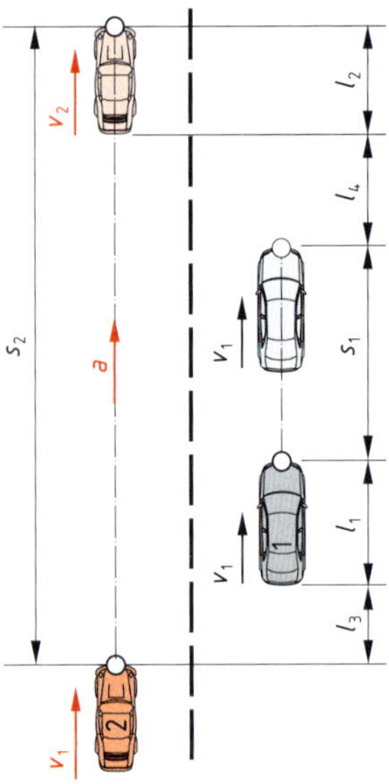

Überholweg

$s_2 = s_1 + s_A$

$s_2 = v_1 \cdot t + s_A$

$s_2 = \dfrac{(v_1 + v_2) \cdot t}{2}$

$s_2 = v_1 \cdot t + \dfrac{a \cdot t^2}{2}$

Grundweg

$s_1 = s_2 - s_A$

$s_1 = v_1 \cdot t$

$s_1 = s_2 - \dfrac{a \cdot t^2}{2}$

Aufholweg

$s_A = s_2 - s_1$

$s_A = \dfrac{a \cdot t^2}{2}$

$s_A = \dfrac{(v_2 - v_1) \cdot t}{2}$

$s_A = \dfrac{(v_2 - v_1)^2}{2 \cdot a}$

Überholzeit

$t = \dfrac{s_1}{v_1}$

$t = \dfrac{v_2 - v_1}{a}$

$t = \dfrac{2 \cdot s_A}{v_2 - v_1}$

$t = \sqrt{\dfrac{2 \cdot s_A}{a}}$

Geschwindigkeit

$v_1 = \dfrac{s_1}{t}$ $\qquad v_2 = v_1 + a \cdot t$

$v_1 = v_2 - a \cdot t$ $\qquad v_2 = \sqrt{v_1^2 + 2 \cdot a \cdot s_2}$

Größe		Einheit
a	Beschleunigung	m/s^2
l_1	Länge des Fahrzeugs 1	m
l_2	Länge des Fahrzeugs 2	m
$l_{3,4}$	Fahrzeugabstand	m
s_1	Grundweg des zu überholenden Fahrzeugs 1	m
s_2	Überholweg des überholenden Fahrzeugs 2	m
s_A	Aufholweg des Fahrzeugs 2	m
t	Überholzeit	s
v_1	Geschwindigkeit, Fahrzeug 1 und Anfangsgeschwindigkeit des überholenden Fahrzeugs 2	m/s
v_2	Endgeschwindigkeit, Fahrzeug 2	m/s

Riementrieb

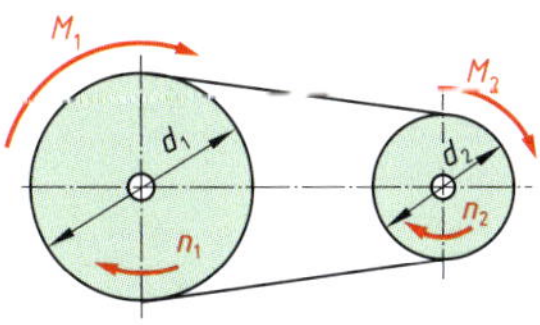

Einfache Übersetzung aus $d_1 \cdot n_1 = d_2 \cdot n_2$

$$i = \frac{n_1}{n_2} \qquad i = \frac{d_2}{d_1}$$

Drehzahl	Durchmesser
$n_1 = \frac{d_2 \cdot n_2}{d_1}$	$d_1 = \frac{d_2 \cdot n_2}{n_1}$
$n_1 = n_2 \cdot i$	$d_1 = \frac{d_2}{i}$
$n_2 = \frac{d_1 \cdot n_1}{d_2}$	$d_2 = \frac{d_1 \cdot n_1}{n_2}$
$n_2 = \frac{n_1}{i}$	$d_2 = d_1 \cdot i$

Drehmoment	Wirkungsgrad
$M_1 = \frac{M_2}{i \cdot \eta}$	$\eta = \frac{M_2}{M_1 \cdot i}$
$M_2 = M_1 \cdot i \cdot \eta$	

Größe		Einheit
d_1	Wirkdurchmesser der treibenden Riemenscheibe	mm
d_2	Wirkdurchmesser der getriebenen Riemenscheibe	mm
i	Übersetzung	–
M_1	Eingangsdrehmoment	Nm
M_2	Ausgangsdrehmoment	Nm
n_1	Drehzahl der treibenden Riemenscheibe	1/min
n_2	Drehzahl der getriebenen Riemenscheibe	1/min
η	Wirkungsgrad	–

Ist der Wirkungsgrad nicht angegeben, wird für die Rechnung $\eta = 1$ gesetzt.

$i > 1{,}0$ Übersetzung ins Langsame
$i < 1{,}0$ Übersetzung ins Schnelle
$i = 1{,}0$ direkte Übersetzung

Zahnradtrieb

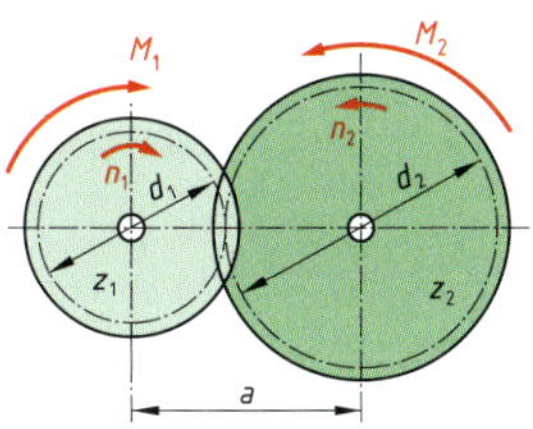

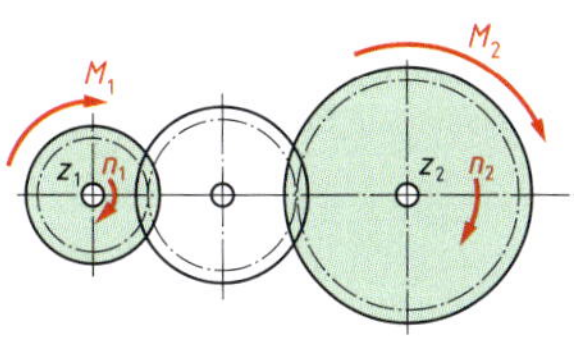

Zwischenrad
Es hat keinen Einfluss auf die Übersetzung, ändert jedoch den Drehsinn des getriebenen Rades.

Einfache Übersetzung aus $z_1 \cdot n_1 = z_2 \cdot n_2$

$$i = \frac{n_1}{n_2} \qquad i = \frac{z_2}{z_1}$$

Drehzahl	Zähnezahl
$n_1 = \frac{z_2 \cdot n_2}{z_1}$	$z_1 = \frac{z_2 \cdot n_2}{n_1}$
$n_1 = n_2 \cdot i$	$z_1 = \frac{z_2}{i}$
$n_2 = \frac{z_1 \cdot n_1}{z_2}$	$z_2 = \frac{z_1 \cdot n_1}{n_2}$
$n_2 = \frac{n_1}{i}$	$z_2 = z_1 \cdot i$

Drehmoment	Wirkungsgrad
$M_1 = \frac{M_2}{i \cdot \eta}$	$\eta = \frac{M_2}{M_1 \cdot i}$
$M_2 = M_1 \cdot i \cdot \eta$	

Achsabstand bei Außenverzahnung

$$a = \frac{d_1 + d_2}{2} \qquad \text{mit: } d_1 = m \cdot z_1,\; d_2 = m \cdot z_2$$

Größe		Einheit
a	Achsabstand	mm
d_1	Teilkreisdurchmesser des treibenden Zahnrades	mm
d_2	Teilkreisdurchmesser des getriebenen Zahnrades	mm
i	Übersetzung	–
M_1	Eingangsdrehmoment	Nm
M_2	Ausgangsdrehmoment	Nm
m	Modul	mm
n_1	Drehzahl des treibenden Zahnrades	1/min
n_2	Drehzahl des getriebenen Zahnrades	1/min
z_1	Zähnezahl des treibenden Zahnrades	–
z_2	Zähnezahl des getriebenen Zahnrades	–
η	Wirkungsgrad	–

Ist der Wirkungsgrad nicht angegeben, wird für die Rechnung $\eta = 1$ gesetzt.

$i > 1{,}0$ Übersetzung ins Langsame
$i < 1{,}0$ Übersetzung ins Schnelle
$i = 1{,}0$ direkte Übersetzung

Schneckentrieb

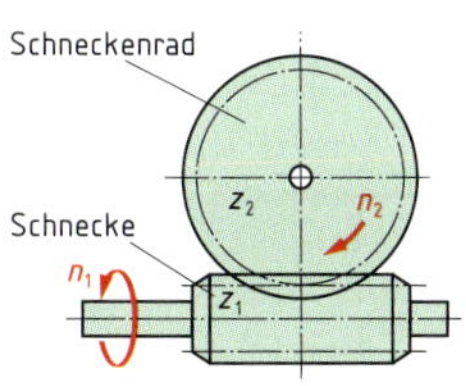

Übersetzung aus $z_1 \cdot n_1 = z_2 \cdot n_2$

$$i = \frac{n_1}{n_2} \qquad i = \frac{z_2}{z_1}$$

Drehzahl	Gang-, Zähnezahl
$n_1 = \frac{z_2 \cdot n_2}{z_1}$	$z_1 = \frac{z_2 \cdot n_2}{n_1}$
$n_2 = \frac{z_1 \cdot n_1}{z_2}$	$z_2 = \frac{z_1 \cdot n_1}{n_2}$

Größe		Einheit
n_1	Drehzahl der Schnecke	1/min
n_2	Drehzahl des Schneckenrades	1/min
z_1	Gangzahl der Schnecke	–
z_2	Zähnezahl des Schneckenrades	–

Riementrieb

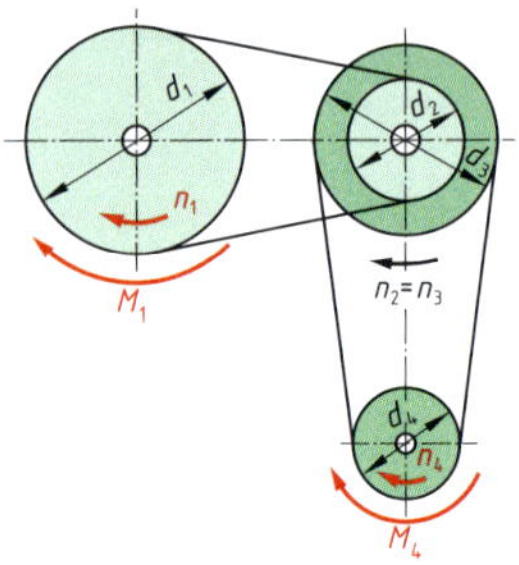

Doppelte Übersetzung

$i = \frac{d_2 \cdot d_4}{d_1 \cdot d_3}$ $n_1 = n_4 \cdot i$

$i = \frac{n_1}{n_4}$ $n_4 = \frac{n_1}{i}$

$i = i_1 \cdot i_2$ mehrfache: $i = i_1 \cdot i_2 \cdot i_3 \cdot \ldots$

Drehmoment **Wirkungsgrad**

$M_1 = \frac{M_4}{i \cdot \eta}$ $\eta = \frac{M_4}{M_1 \cdot i}$

$M_4 = M_1 \cdot i \cdot \eta$

Größe		Einheit
d_1, d_3	Durchmesser der treibenden Riemenscheiben	mm
d_2, d_4	Durchmesser der getriebenen Riemenscheiben	mm
i	Gesamtübersetzung	–
i_1, i_2	Einzelübersetzungen	–
M_1	Eingangsdrehmoment	Nm
M_4	Ausgangsdrehmoment	Nm
n_1, n_3	Drehzahlen der treibenden Riemenscheiben	1/min
n_2, n_4	Drehzahlen der getriebenen Riemenscheiben	1/min
η	Wirkungsgrad	–

Ist der Wirkungsgrad nicht angegeben, wird für die Rechnung $\eta = 1$ gesetzt.

Zahnradtrieb

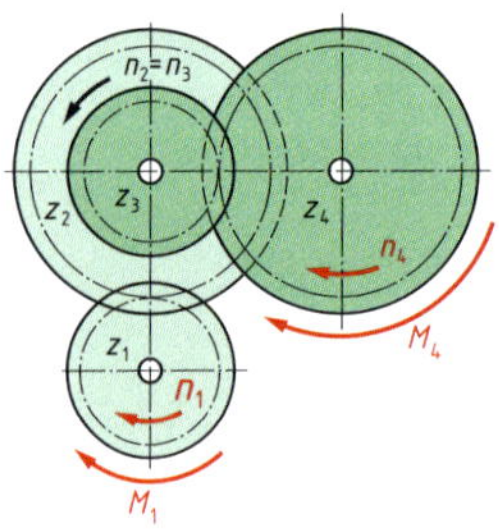

Doppelte Übersetzung

$i = \frac{z_2 \cdot z_4}{z_1 \cdot z_3}$ $n_1 = n_4 \cdot i$

$i = \frac{n_1}{n_4}$ $n_4 = \frac{n_1}{i}$

$i = i_1 \cdot i_2$ mehrfache $i = i_1 \cdot i_2 \cdot i_3 \cdot \ldots$

Drehmoment **Wirkungsgrad**

$M_1 = \frac{M_4}{i \cdot \eta}$ $\eta = \frac{M_4}{M_1 \cdot i}$

$M_4 = M_1 \cdot i \cdot \eta$

Größe		Einheit
i	Gesamtübersetzung	–
i_1, i_2	Einzelübersetzungen	–
M_1	Eingangsdrehmoment	Nm
M_4	Ausgangsdrehmoment	Nm
n_1, n_3	Drehzahlen der treibenden Zahnräder	1/min
n_2, n_4	Drehzahlen der getriebenen Zahnräder	1/min
z_1, z_3	Zähnezahlen der treibenden Zahnräder	–
z_2, z_4	Zähnezahlen der getriebenen Zahnräder	–
η	Wirkungsgrad	–

Ist der Wirkungsgrad nicht angegeben, wird für die Rechnung $\eta = 1$ gesetzt.

Planetengetriebe

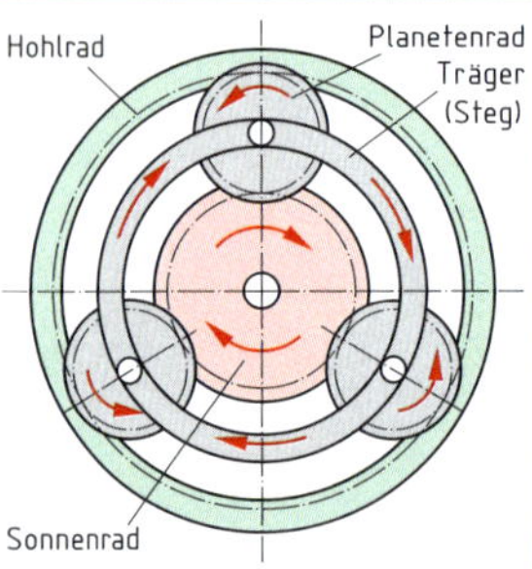

Übersetzungen (Auswahl)

Gang	1	2	3		R
Sonnenrad	Antrieb	fest	Antrieb		Antrieb
Hohlrad	fest	Antrieb	verbunden	–	Abtrieb
Planetenradträger	Abtrieb	Abtrieb	verbunden	Abtrieb	fest
Übersetzung	$i = 1 + \frac{z_2}{z_1}$	$i = 1 + \frac{z_1}{z_2}$	$i = 1{,}0$		$i = -\frac{z_2}{z_1}$

Drehmoment **Wirkungsgrad**

$M_1 = \frac{M_2}{i \cdot \eta}$ $\eta = \frac{M_2}{M_1 \cdot i}$

$M_2 = M_1 \cdot i \cdot \eta$

Größe		Einheit
i	Übersetzung	–
M_1	Eingangsdrehmoment	Nm
M_2	Ausgangsdrehmoment	Nm
z_1	Zähnezahl, Sonnenrad	–
z_2	–, Hohlrad	–
η	Wirkungsgrad	–

Ist der Wirkungsgrad nicht angegeben, wird für die Rechnung $\eta = 1$ gesetzt.

Sind zwei Getriebeteile verbunden (Radsatz verblockt), gilt $i = 1$.

Reibungsarten

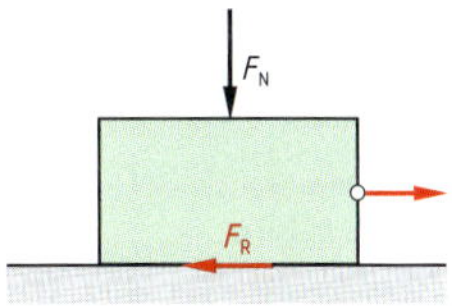

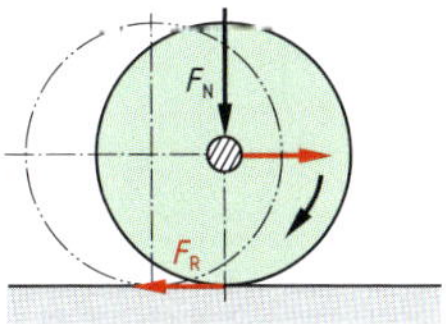

Haftreibung

$F_R = F_N \cdot \mu_H$ $\quad F_N = \dfrac{F_R}{\mu_H}$

$\mu_H = \dfrac{F_R}{F_N}$

Gleitreibung

$F_R = F_N \cdot \mu_G$ $\quad F_N = \dfrac{F_R}{\mu_G}$

$\mu_G = \dfrac{F_R}{F_N}$

Rollreibung

$F_R = F_N \cdot \mu_R$ $\quad F_N = \dfrac{F_R}{\mu_R}$

$\mu_R = \dfrac{F_R}{F_N}$

Größe		Einheit
F_N	Normalkraft	N
F_R	Reibungskraft	N
μ_H	Haftreibungszahl	–
μ_G	Gleitreibungszahl	–
μ_R	Rollreibungszahl	–

Haftreibungszahlen vgl. S. 42, 52

Reibungsarbeit, -leistung

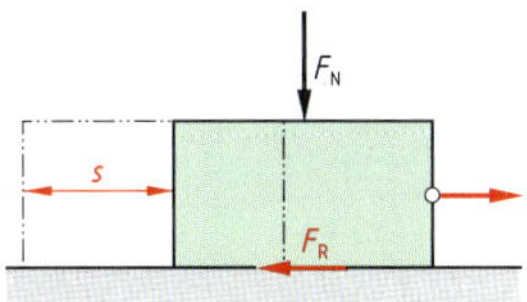

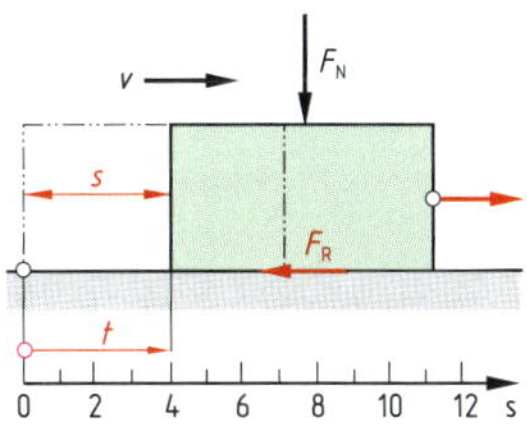

Reibungsarbeit

$W_R = F_R \cdot s$

$W_R = P_R \cdot t$

$W_R = Q_R$

Reibungsleistung

$P_R = \dfrac{F_R \cdot s}{t}$

$P_R = F_R \cdot v$

$P_R = \dfrac{W_R}{t}$

Reibungskraft

$F_R = F_N \cdot \mu$ $\quad F_R = \dfrac{P_R \cdot t}{s}$

$F_R = \dfrac{W_R}{s}$ $\quad F_R = \dfrac{P_R}{v}$

Reibungsweg

$s = \dfrac{W_R}{F_R}$

$s = \dfrac{P_R \cdot t}{F_R}$

Größe		Einheit
F_N	Normalkraft	N
F_R	Reibungskraft	N
P_R	Reibungsleistung	W
Q_R	Reibungswärme	J
s	Reibungsweg	m
t	Reibungszeit	s
v	Geschwindigkeit	m/s
W_R	Reibungsarbeit	J
μ	Reibungszahl	–

Schraube

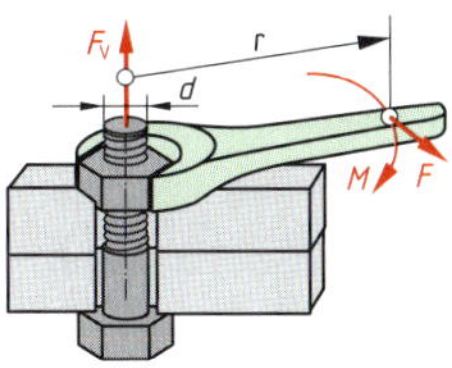

Anzugsmoment

$M = F \cdot r$

Spannkraft

mit Reibung

$F_V = \dfrac{M}{0{,}19 \cdot d}$

ohne Reibung

$F_V = \dfrac{2\pi \cdot r \cdot F}{P}$

Zugspannung

$\sigma = \dfrac{F_V}{s}$

Größe		Einheit
d	Gewindenenndurchmesser	m
F	Drehkraft, Handkraft	N
F_V	Spannkraft	N
M	Anzugsdrehmoment	Nm
P	Gewindesteigung	mm
r	Hebelarm	mm
s	Querschnittsfläche (Gewinde)	mm^2
σ	Zugspannung (im Gewinde)	N/mm^2

Die Näherungsformel mit Reibung gilt für nicht geschmierte Regelgewinde.

Festigkeit

Zug

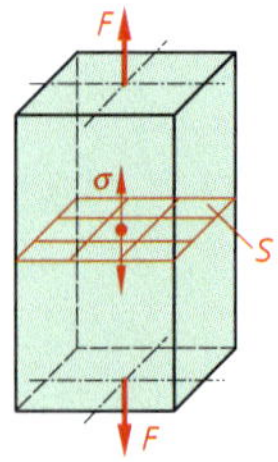

Zugspannung

$$\sigma = \frac{F}{S}$$

Zugfestigkeit

$$R_m = \frac{F_m}{S}$$

zulässige Zugspannung

$$\sigma_{zul} = \frac{R_m}{\nu} \qquad \sigma_{zul} = \frac{F_{zul}}{S}$$

Zugkraft	Sicherheit	Querschnitt
$F_{zul} = S \cdot \sigma_{zul}$	$\nu = \frac{R_m}{\sigma_{zul}}$	$S = \frac{F_{zul}}{\sigma_{zul}}$
$F_m = S \cdot R_m$	$\nu = \frac{F_m}{F_{zul}}$	$S = \frac{F_m}{R_m}$

Größe		Einheit
F	vorhandene Zugkraft	N
F_m	größte Zugkraft	N
F_{zul}	zulässige Zugkraft	N
R_m	Zugfestigkeit	N/mm²
S	Querschnittsfläche	mm²
ν	Sicherheitszahl	–
σ	vorhandene Zugspannung	N/mm²
σ_{zul}	zulässige Zugspannung	N/mm²

Druck, Flächenpressung

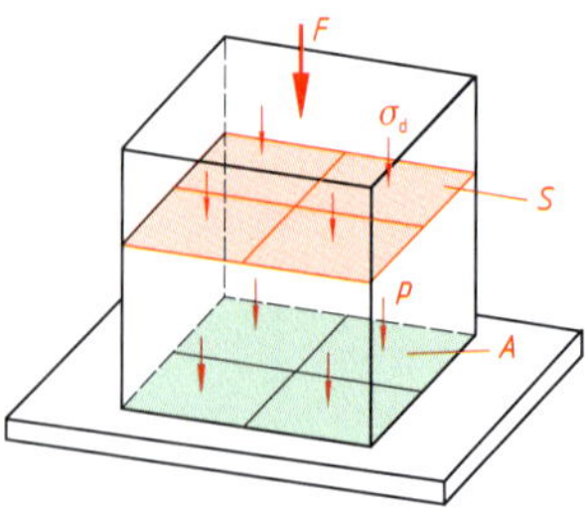

Druckspannung

$$\sigma_d = \frac{F}{S}$$

Druckfestigkeit

$$\sigma_{dB} = \frac{F_{dB}}{S}$$

zulässige Druckspannung

$$\sigma_{dzul} = \frac{\sigma_{dB}}{\nu} \qquad \sigma_{dzul} = \frac{F_{zul}}{S}$$

Druckkraft	Sicherheit	Querschnitt
$F_{zul} = S \cdot \sigma_{dzul}$	$\nu = \frac{\sigma_{dB}}{\sigma_{dzul}}$	$S = \frac{F_{zul}}{\sigma_{dzul}}$
$F_{dB} = S \cdot \sigma_{dB}$	$\nu = \frac{F_{dB}}{F_{zul}}$	$S = \frac{F_{dB}}{\sigma_{dB}}$

Größe		Einheit
F	vorhandene Druckkraft	N
F_{dB}	größte Druckkraft (beim Bruch)	N
F_{zul}	zulässige Druckkraft	N
S	Querschnittsfläche	mm²
ν	Sicherheitszahl	–
σ_d	vorhandene Druckspannung	N/mm²
σ_{dzul}	zulässige Druckspannung	N/mm²
σ_{dB}	Druckfestigkeit	N/mm²

Flächenpressung

$$p = \frac{F}{A}$$

Druckkraft	Auflagefläche
$F_{zul} = A \cdot p_{zul}$	$A = \frac{F_{zul}}{p_{zul}}$

Größe		Einheit
A	Auflagefläche	mm²
F	Druckkraft, Presskraft	N
F_{zul}	zulässige Druck-, Presskraft	N
p	Flächenpressung	N/mm²
p_{zul}	zulässige Flächenpressung	N/mm²

Abscheren

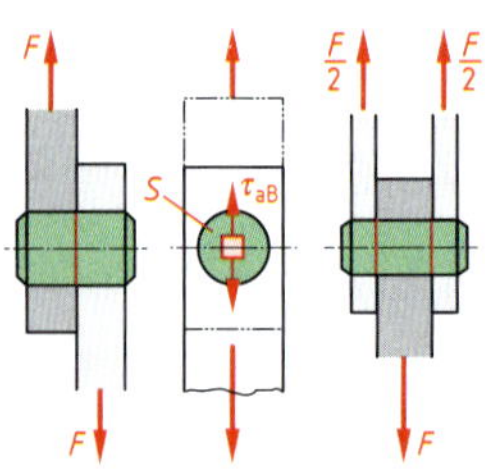

Schubspannung

$$\tau = \frac{F}{S}$$

Scherfestigkeit

$$\tau_{aB} = \frac{F_{aB}}{S}$$

zulässige Schubspannung

$$\tau_{zul} = \frac{\tau_{aB}}{\nu} \qquad \tau_{zul} = \frac{F_{zul}}{S}$$

Schubkraft	Sicherheit	Querschnitt
$F_{zul} = S \cdot \tau_{zul}$	$\nu = \frac{\tau_{aB}}{\tau_{zul}}$	$S = \frac{F_{zul}}{\tau_{zul}}$
$F_{aB} = S \cdot \tau_{aB}$	$\nu = \frac{F_{aB}}{F_{zul}}$	$S = \frac{F_{aB}}{\tau_{aB}}$

Größe		Einheit
F	vorhandene Schubkraft	N
F_{aB}	größte Schubkraft (Abscheren)	N
F_{zul}	zulässige Schubkraft	N
S	Querschnittsfläche (Scherfläche)	mm²
ν	Sicherheitszahl	–
τ	vorhandene Schubspannung	N/mm²
τ_{zul}	zulässige Schubspannung	N/mm²
τ_{aB}	Scherfestigkeit	N/mm²

$\tau_{aB} \approx 0{,}8 \cdot R_m$

Arbeit

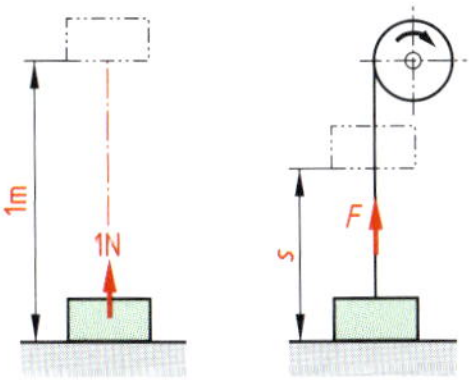

– aus der Kraft

$$W = F \cdot s$$

– aus der Leistung

$$W = P \cdot t$$

Kraft	Weg	Zeit
$F = \frac{W}{s}$	$s = \frac{W}{F}$	$t = \frac{W}{P}$

Größe		Einheit
F	Kraft	N
P	Leistung	W
s	Weg der Kraft	m
t	Zeit	s
W	Arbeit	Nm, Ws, J

Weitere Einheiten:

1 J = 1 Nm = 1 Ws
3 600 J = 3 600 Ws = 1 Wh
3 600 kJ = 3,6 MJ = 1 kWh

Potentielle Energie (Lageenergie)

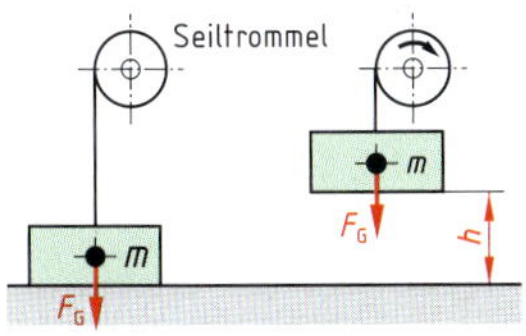

– aus Gewichtskraft

$$E_p = F_G \cdot h$$

– aus der Masse

$$E_p = m \cdot g \cdot h$$

Hub-, Fallhöhe

$$h = \frac{E_p}{F_G} \qquad h = \frac{E_p}{m \cdot g}$$

Größe		Einheit
E_p	potentielle Energie, Lageenergie	J
F_G	Gewichtskraft	N
g	Fallbeschleunigung	m/s²
h	Hubhöhe, Fallhöhe	m
m	Masse	kg

Spannungsenergie

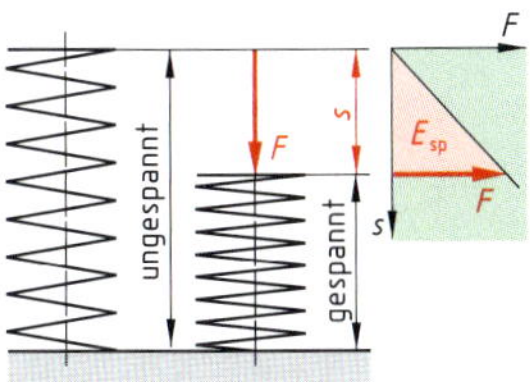

Spannungsenergie	Federweg
$E_{sp} = \frac{F \cdot s}{2}$	$s = \frac{2 \cdot E_{sp}}{F}$
$E_{sp} = \frac{c \cdot s^2}{2}$	$s = \sqrt{\frac{2 \cdot E_{sp}}{c}}$

Federrate	Spannkraft
$c = \frac{F}{s}$	$F = c \cdot s$
$c = \frac{2 \cdot E_{sp}}{s^2}$	$F = \frac{2 \cdot E_{sp}}{s}$

Größe		Einheit
c	Federrate, gleichbleibend	N/m
E_{sp}	Spannungsenergie	J
F	Spannkraft der Feder	N
s	Federweg	m

Kinetische Energie (Bewegungsenergie)

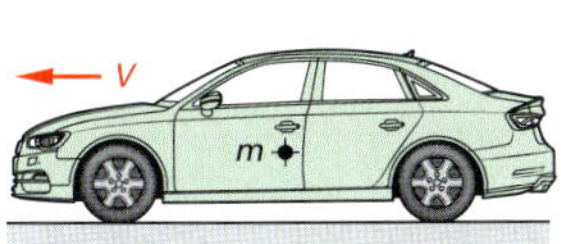

$$E_k = \frac{m \cdot v^2}{2}$$

Geschwindigkeit	Masse
$v = \sqrt{\frac{2 \cdot E_k}{m}}$	$m = \frac{2 \cdot E_k}{v^2}$

Größe		Einheit
E_k	kinetische Energie (Bewegungsenergie)	J
m	Masse	kg
v	Geschwindigkeit	m/s

Energieumwandlung

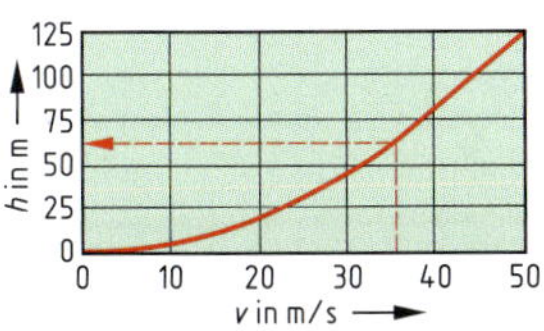

Energiesatz

$$\frac{m \cdot v^2}{2} = m \cdot g \cdot h \qquad F_B \cdot s = \frac{m \cdot v^2}{2}$$

Fallhöhe	Bremsweg
$h = \frac{v^2}{2 \cdot g}$	$s = \frac{m \cdot v^2}{2 \cdot F_B}$

Geschwindigkeit	Bremskraft
$v = \sqrt{2 \cdot g \cdot h}$	$F_B = \frac{m \cdot v^2}{2 \cdot s}$

Größe		Einheit
F_B	Bremskraft	N
g	Fallbeschleunigung	9,81 m/s²
h	Fallhöhe	m
m	Masse	kg
s	Bremsweg	m
v	Geschwindigkeit	m/s

Leistung, Wirkungsgrad

Leistung, geradlinige Bewegung

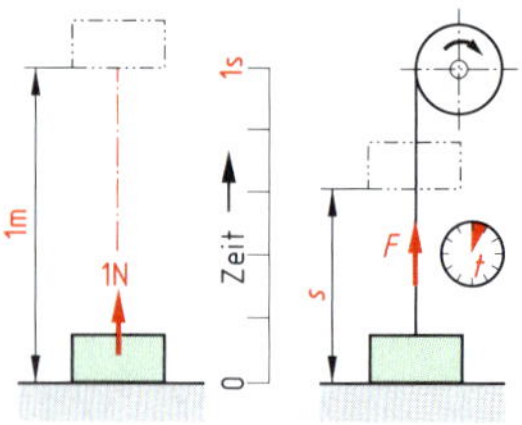

Leistung	Kraft, Weg
$P = \frac{F \cdot s}{t}$	$F = \frac{P \cdot t}{s}$
$P = F \cdot v$	$F = \frac{P}{v}$
$P = \frac{W}{t}$	$s = \frac{P \cdot t}{F}$
Geschwindigkeit	**Zeit**
$v = \frac{P}{F}$	$t = \frac{F \cdot s}{P}$
$v = \frac{s}{t}$	$t = \frac{W}{P}$

Größe		Einheit
F	Kraft	N
P	Leistung	W
s	Weg der Kraft	m
t	Zeit	s
v	Geschwindigkeit	m/s
W	Arbeit	J

Weitere Einheiten:

1 W = 1 J/s = 1 Nm/s
1 kW = 1 000 J/s = 1 000 W
1 kW = 1 kJ/s = 1 000 Nm/s

Leistung, Drehbewegung

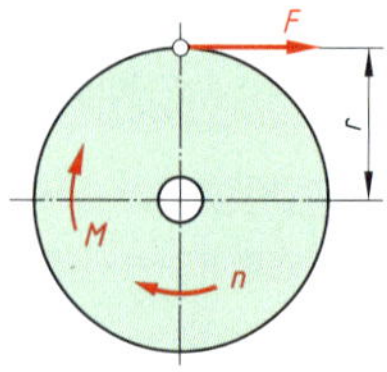

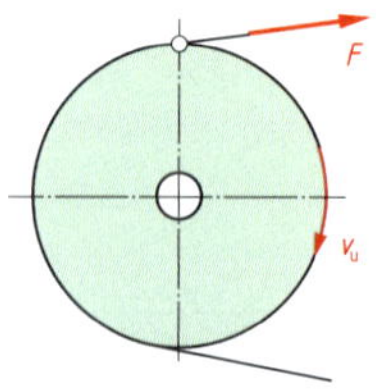

Leistung in W	Leistung in kW
$P = \frac{\pi \cdot F \cdot r \cdot n}{30}$	$P = \frac{\pi \cdot F \cdot r \cdot n}{30 \cdot 1000}$
$P = \frac{\pi \cdot M \cdot n}{30}$	$P = \frac{\pi \cdot M \cdot n}{30 \cdot 1000}$
$P = F \cdot v_u$	$P = \frac{M \cdot n}{9550}$
Drehzahl	
mit P in W:	mit P in kW:
$n = \frac{30 \cdot P}{\pi \cdot F \cdot r}$	$n = \frac{30 \cdot 1000 \cdot P}{\pi \cdot F \cdot r}$
$n = \frac{30 \cdot P}{\pi \cdot M}$	$n = \frac{9550 \cdot P}{M}$
Drehmoment	
mit P in W:	mit P in kW:
$M = \frac{30 \cdot P}{\pi \cdot n}$	$M = \frac{30 \cdot 1000 \cdot P}{\pi \cdot n}$
$M = F \cdot r$	$M = \frac{9550 \cdot P}{n}$

Größe		Einheit
F	Umfangskraft	N
M	Drehmoment	Nm
n	Drehzahl	1/min
P	Leistung	W, kW
r	Radius (Halbmesser)	m
v_u	Umfangsgeschwindigkeit	m/s

Leistung von Verbrennungsmotoren Seite 36
Leistungsprüfung Seite 37
Elektrische Leistung Seite 60
Leistung von E-Maschinen Seite 66

Wirkungsgrad

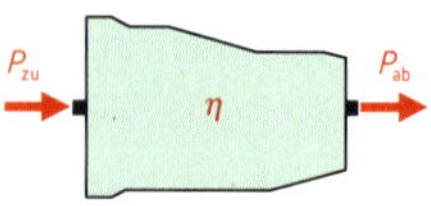

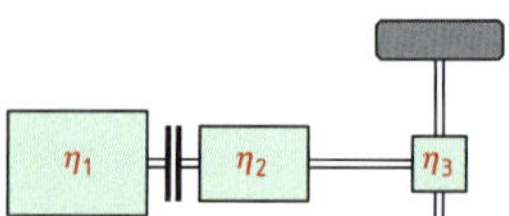

– aus der Arbeit	– aus der Leistung
$\eta = \frac{W_{ab}}{W_{zu}}$	$\eta = \frac{P_{ab}}{P_{zu}}$
Gesamtwirkungsgrad:	$\eta = \eta_1 \cdot \eta_2 \cdot \ldots$
Arbeit	**Leistung**
$W_{zu} = \frac{W_{ab}}{\eta}$	$P_{zu} = \frac{P_{ab}}{\eta}$
$W_{ab} = W_{zu} \cdot \eta$	$P_{ab} = P_{zu} \cdot \eta$
Verlustarbeit	**Verlustleistung**
$W_v = W_{zu} - W_{ab}$	$P_v = P_{zu} - P_{ab}$

Größe		Einheit
P_{ab}	abgegebene Leistung	W, kW
P_{zu}	zugeführte Leistung	W, kW
P_v	Verlustleistung	W, kW
W_{ab}	abgegebene Arbeit	J, kJ
W_{zu}	zugeführte Arbeit	J, kJ
W_v	Verlustarbeit	J, kJ
η	Wirkungsgrad, Gesamtwirkungsgrad	–
$\eta_1, \eta_2, \ldots$	Einzelwirkungsgrade	–

Wirkungsgrad von Verbrennungsmotoren Seite 36

Druckgrößen

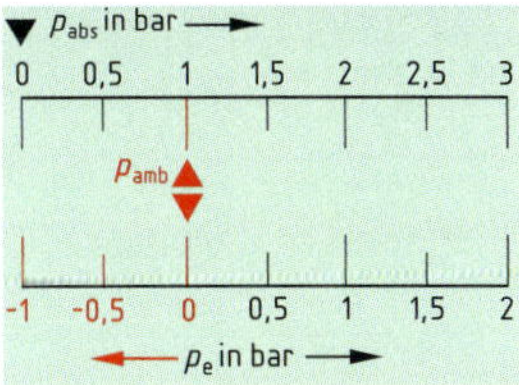

Überdruck	absoluter Druck
$p_e = p_{abs} - p_{amb}$	$p_{abs} = p_e + p_{amb}$

Atmosphärendruck	Druckdifferenz
$p_{amb} = p_{abs} - p_e$	$\Delta p = p_1 - p_2$

Unterdruck entspricht negativem Überdruck p_e, der Zahlenwert erhält ein Minuszeichen.

Größe		Einheit
p_{abs}	absoluter Druck	bar, Pa
p_{amb}	Atmosphärendruck	bar, Pa
p_e	Überdruck	bar, Pa
p_1, p_2	Drücke	bar, Pa
Δp	Druckdifferenz	bar, Pa

1 Pascal = 1 Pa = 1 N/m^2
1 Hektopascal = 1 hPa = 100 Pa = 1 mbar
1 bar = 1000 hPa = 10 N/cm^2

Druck

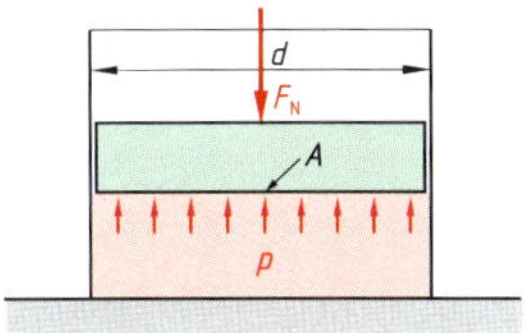

Druck	
$p = \frac{F_N}{A}$	$p = \frac{4 \cdot F_N}{\pi \cdot d^2}$

Kolbenkraft	Kolbenfläche
$F_N = p \cdot A$	$A = \frac{F_N}{p}$

Größe		Einheit
A	Kolbenfläche	cm^2
d	Kolbendurchmesser	cm
F_N	Normalkraft, Kolbenkraft	N
p	Druck	N/cm^2, bar

1 N/cm^2 = 0,1 bar = 100 mbar
10 N/cm^2 = 1,0 bar = 1000 mbar

Hydraulische Presse

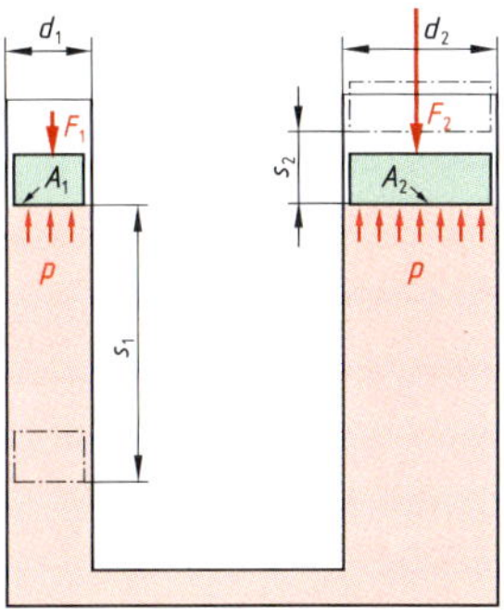

Flüssigkeitsdruck	Übersetzung
$p = \frac{F_1}{A_1} = \frac{F_2}{A_2}$	$i = \frac{F_1}{F_2} = \frac{d_1^2}{d_2^2} = \frac{s_2}{s_1}$

Kolbenkraft 1	Kolbenkraft 2
$F_1 = p \cdot A_1$	$F_2 = p \cdot A_2$
$F_1 = F_2 \cdot i$	$F_2 = \frac{F_1}{i}$

Kolbenfläche	Kolbenweg
$A_1 = \frac{F_1}{p}$	$s_1 = \frac{s_2}{i}$
$A_2 = \frac{F_2}{p}$	$s_2 = s_1 \cdot i$

Größe		Einheit
A_1	Kolbenfläche 1	cm^2
A_2	Kolbenfläche 2	cm^2
d_1	Kolbendurchmesser 1	cm
d_2	Kolbendurchmesser 2	cm
F_1	Kolbenkraft 1	N
F_2	Kolbenkraft 2	N
i	Übersetzung	–
p	Flüssigkeitsdruck	N/cm^2
s_1	Kolbenweg 1	mm, cm
s_2	Kolbenweg 2	mm, cm

Hydrostatischer Druck

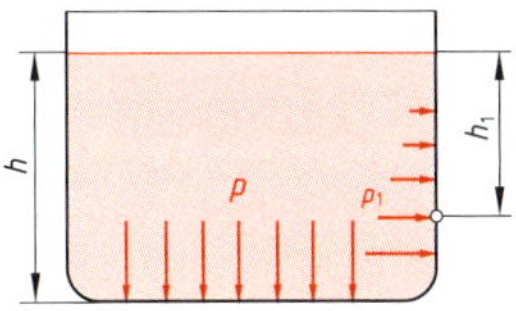

Bodendruck	Seitendruck
$p = h \cdot \varrho \cdot g$	$p_1 = h_1 \cdot \varrho \cdot g$

Druckhöhe	Dichte
$h = \frac{p}{\varrho \cdot g}$	$\varrho = \frac{p}{h \cdot g}$

Größe		Einheit
g	Fallbeschleunigung	9,81 m/s^2
h, h_1	Druckhöhen	m
p	Bodendruck	Pa, N/m^2
p_1	Seitendruck	Pa, N/m^2
ϱ	Dichte der Flüssigkeit	kg/m^3

1 N/m^2 = 1 Pa = 0,01 mbar

Auftrieb in Flüssigkeiten

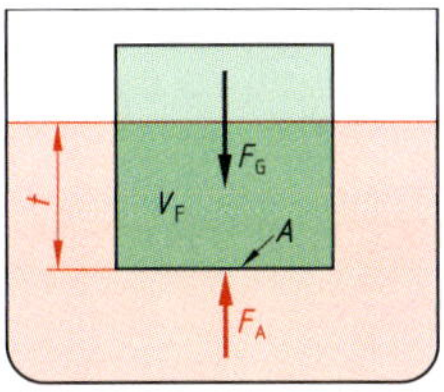

Auftriebskraft	Volumen, Dichte
$F_A = V_F \cdot \varrho_F \cdot g$	$V_F = \frac{F_A}{\varrho_F \cdot g}$
	$V_F = A \cdot t$
$F_A = m_F \cdot g$	$m_F = \frac{F_A}{g}$
	$\varrho_F = \frac{F_A}{V_F \cdot g}$

Größe		Einheit
A	Grundfläche des Schwimmers	dm^2
F_A	Auftriebskraft	N
F_G	Gewichtskraft des Schwimmers	N
g	Fallbeschleunigung	9,81 m/s^2
m_F	Masse, verdrängte Flüssigkeit	kg
t	Eintauchtiefe	dm
V_F	Volumen, verdrängte Flüssigkeit	dm^3
ϱ_F	Dichte der Flüssigkeit	kg/dm^3

Gasdruck und Volumen

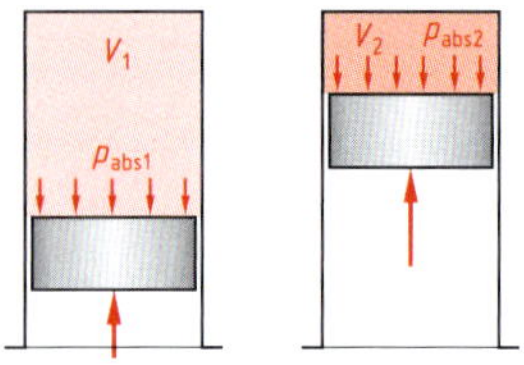

Gesetz von Boyle und Mariotte

$$V_1 \cdot p_{abs1} = V_2 \cdot p_{abs2}$$

Druck	Volumen
$p_{abs1} = \frac{V_2 \cdot p_{abs2}}{V_1}$	$V_1 = \frac{V_2 \cdot p_{abs2}}{p_{abs1}}$
$p_{abs2} = \frac{V_1 \cdot p_{abs1}}{V_2}$	$V_2 = \frac{V_1 \cdot p_{abs1}}{p_{abs2}}$

Größe		Einheit
p_{abs1}	absoluter Druck 1	bar
p_{abs2}	absoluter Druck 2	bar
V_1	Gasvolumen 1 bei p_{abs1}	dm^3
V_2	Gasvolumen 2 bei p_{abs2}	dm^3

Druck, Volumen, Temperatur

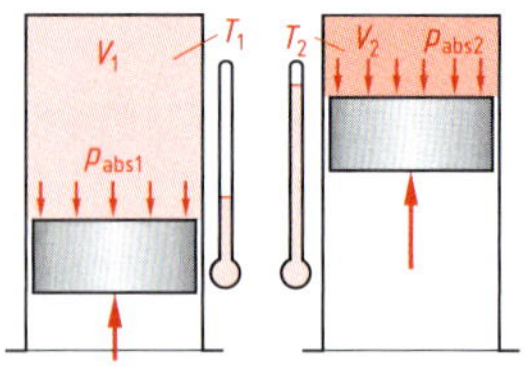

Allgemeines Gasgesetz

Für ein abgeschlossenes Gas gilt:

$$\frac{\text{Volumen} \times \text{Druck}}{\text{Temperatur}} = \text{konstant}$$

$$\frac{V_1 \cdot p_{abs1}}{T_1} = \frac{V_2 \cdot p_{abs2}}{T_2}$$

Größe		Einheit
p_{abs1}	absoluter Druck 1	bar
p_{abs2}	absoluter Druck 2	bar
T_1	Kelvin-Temperatur 1	K
T_2	Kelvin-Temperatur 2	K
V_1	Gasvolumen 1 bei p_{abs1}	dm^3
V_2	Gasvolumen 2 bei p_{abs2}	dm^3

Gasentnahme aus Behältern

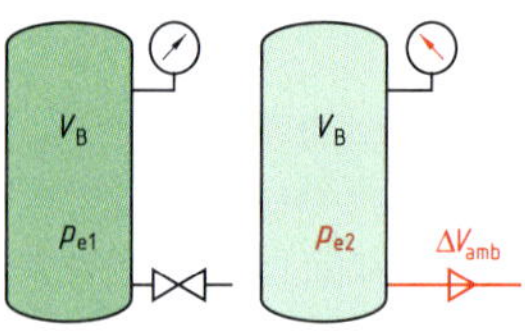

Entnahmevolumen

$$\Delta V_{amb} = \frac{V_B \cdot \Delta p}{p_{amb}}$$

Druckdifferenz

$$\Delta p = p_{e1} - p_{e2}$$

Größe		Einheit
p_{amb}	Atmosphärendruck	bar
p_{e1}	Überdruck vor der Entnahme	bar
p_{e2}	– nach der Entnahme	bar
Δp	Druckdifferenz	bar
V_B	Volumen des Behälters	dm^3
ΔV_{amb}	Volumen des entnommenen Gases bei Atmosphärendruck	dm^3

Gasströmung

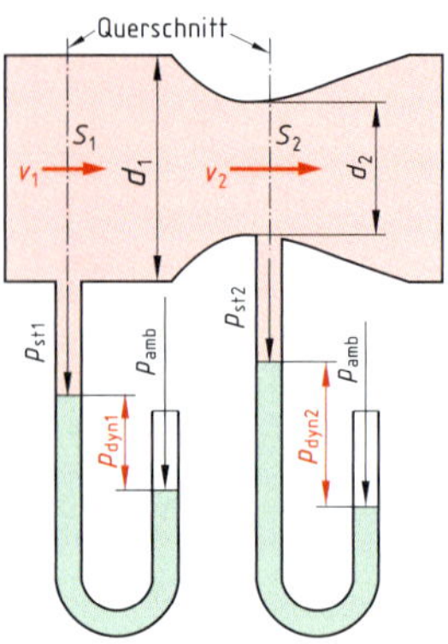

Kontinuitätsgleichung

$$S_1 \cdot v_1 = S_2 \cdot v_2 \qquad d_1^2 \cdot v_1 = d_2^2 \cdot v_2$$

Gasgeschwindigkeit	Querschnitt
$v_1 = \frac{S_2 \cdot v_2}{S_1}$	$S_1 = \frac{S_2 \cdot v_2}{v_1}$
$v_2 = \frac{S_1 \cdot v_1}{S_2}$	$S_2 = \frac{S_1 \cdot v_1}{v_2}$

dynamischer Druck	Druckdifferenz
$p_{dyn1} = \frac{\varrho \cdot v_1^2}{200}$	$\Delta p = \frac{\varrho}{200} \cdot \left(v_2^2 - v_1^2\right)$
$p_{dyn2} = \frac{\varrho \cdot v_2^2}{200}$	$\Delta p = p_{dyn2} - p_{dyn1}$

statischer Druck

$$p_{st1} = p_{amb} - p_{dyn1}$$

$$p_{st2} = p_{amb} - p_{dyn2}$$

Größe		Einheit
d_1	großer Durchmesser	cm
d_2	kleiner Durchmesser	cm
p_{amb}	Atmosphärendruck	hPa, mbar
p_{dyn}	dynamischer Druck	mbar
p_{dyn1}	dynamischer Druck bei S_1	mbar
p_{dyn2}	dynamischer Druck bei S_2	mbar
p_{st}	statischer Druck	mbar
Δp	Druckdifferenz	mbar
S_1	große Querschnittsfläche	cm^2
S_2	kleine Querschnittsfläche	cm^2
v_1	Gasgeschwindigkeit in S_1	m/s
v_2	Gasgeschwindigkeit in S_2	m/s
ϱ	Gasdichte	kg/m^3

Bernoullische Gleichung:

$$p_{st1} + \frac{\varrho \cdot v_1^2}{2} = p_{st2} + \frac{\varrho \cdot v_2^2}{2}$$

Temperatur

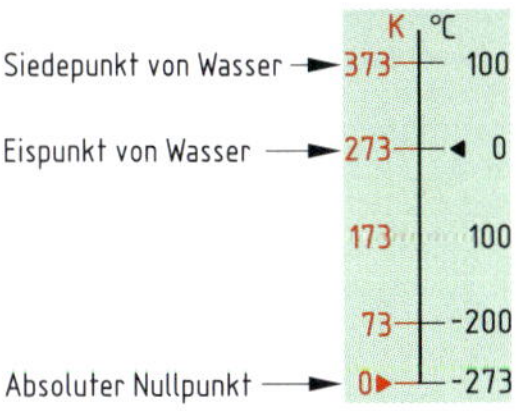

Celsius-Temperatur	Kelvin-Temperatur
$t = T - T_0$	$T = t + T_0$
$t = T - 273\ \text{K}$	$T = t + 273\ \text{K}$

Temperaturdifferenz $\Delta t = \Delta T$

$\Delta t = t_2 - t_1 = \Delta T$ $\qquad$ $\Delta T = T_2 - T_1$

Größe		Einheit
t	Celsius-Temperatur	°C
T	Kelvin-Temperatur	K
T_0	Schmelztemperatur von Eis $T_0 = 273$ K oder 0 °C	K
t_1, T_1	Anfangstemperatur	°C, K
t_2, T_2	Endtemperatur	°C, K
Δt	Temperaturdifferenz	°C
ΔT	Temperaturdifferenz	K

Wärmemenge

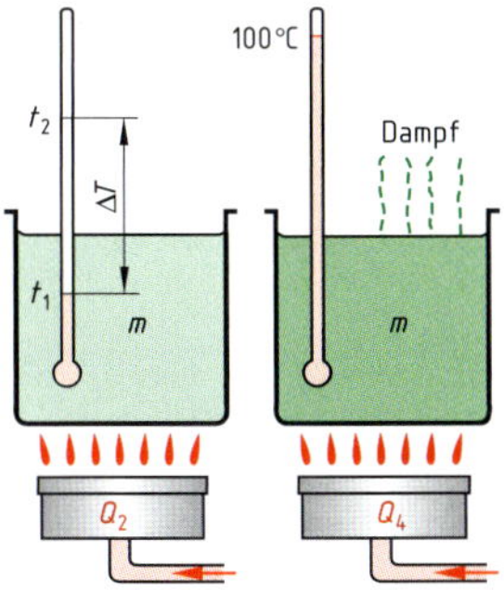

Wärmemenge	Masse
$Q_1 = m \cdot H_u$	$m = \dfrac{Q_1}{H_u}$
$Q_1 = V \cdot \varrho \cdot H_u$	$m = V \cdot \varrho$
$Q_2 = m \cdot c \cdot \Delta T$	$m = \dfrac{Q_2}{c \cdot \Delta T}$
$Q_3 = m \cdot q_s$	$m = \dfrac{Q_3}{q_s}$
$Q_4 = m \cdot q_v$	$m = \dfrac{Q_4}{q_v}$

Heizwert	Temp., Volumen
$H_u = \dfrac{Q_1}{m}$	$\Delta T = \dfrac{Q_2}{m \cdot c}$
$H_u = \dfrac{Q_1}{V \cdot \varrho}$	$V = \dfrac{Q_1}{H_u \cdot \varrho}$

Größe		Einheit
c	spezifische Wärmekapazität	kJ/(kg · K)
H_u	spezifischer Heizwert	kJ/kg
m	Masse	kg
Q_1	Wärmemenge aus der Verbrennung	kJ
Q_2	– bei Erwärmung eines Stoffes	kJ
Q_3	– beim Schmelzen eines Stoffes	kJ
Q_4	– bei Verdampfung eines Stoffes	kJ
q_s	spezifische Schmelzwärme	kJ/kg
q_v	spezif. Verdampfungswärme	kJ/kg
ΔT	Temperaturdifferenz	K
V	Volumen	dm^3
ϱ	Dichte	kg/dm^3

Wärmeausdehnung

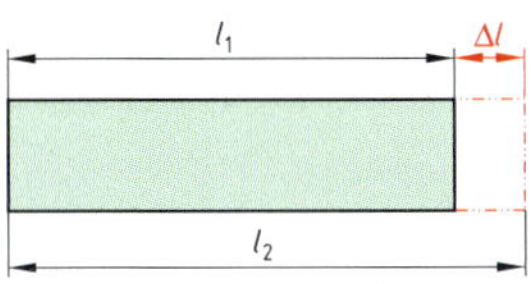

Längenausdehnung

$\Delta l = l_1 \cdot \alpha \cdot \Delta T$ $\qquad$ $\Delta T = \dfrac{\Delta l}{l_1 \cdot \alpha}$

Länge nach Erwärmung	vor Erwärmung
$l_2 = l_1 + \Delta l$	$l_1 = l_2 - \Delta l$
$l_2 = l_1 \cdot (1 + \alpha \cdot \Delta T)$	$l_1 = \dfrac{l_2}{1 + \alpha \cdot \Delta T}$

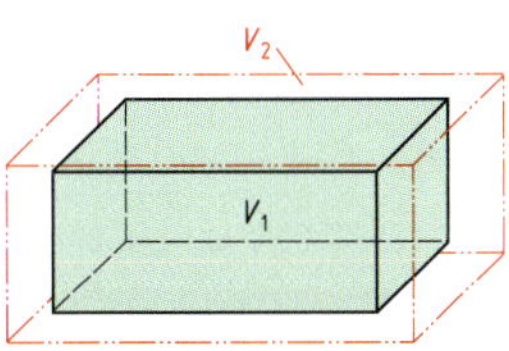

Volumenausdehnung

$\Delta V = V_1 \cdot \alpha_v \cdot \Delta T$ $\qquad$ $\alpha_v = \dfrac{\Delta V}{V_1 \cdot \Delta T}$

Volumen nach Erwärmung	vor Erwärmung
$V_2 = V_1 + \Delta V$	$V_1 = V_2 - \Delta V$
$V_2 = V_1 \cdot (1 + \alpha_v \cdot \Delta T)$	$V_1 = \dfrac{V_2}{1 + \alpha_v \cdot \Delta T}$

Größe		Einheit
l_1	Länge vor Erwärmung	m
l_2	Länge nach Erwärmung	m
Δl	Längendifferenz	m
V_1	Volumen vor Erwärmung	dm^3
V_2	Volumen nach Erwärmung	dm^3
ΔV	Volumendifferenz	dm^3
ΔT	Temperaturdifferenz	K
α	Längenausdehnungszahl	1/K
α_v	Volumenausdehnungszahl	1/K

Längenausdehnungszahlen α:

Aluminium	0,0000238	1/K
Kupfer	0,0000170	1/K
Stahl, unlegiert	0,0000115	1/K
Gusseisen	0,0000105	1/K

Volumenausdehnungszahlen α_v:

Ottokraftstoff	0,00110	1/K
Dieselkraftstoff	0,00095	1/K
Wasser	0,00018	1/K
Feste Stoffe	$3 \cdot \alpha$	1/K
Gasförmige Stoffe	(1/273)	1/K

Hubraum

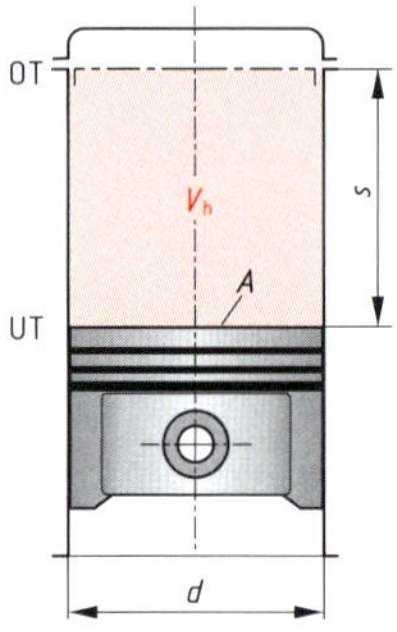

Zylinderhubraum

$$V_h = \frac{\pi \cdot d^2}{4} \cdot s$$

$$V_h = A \cdot s$$

$$V_h = \frac{V_H}{z}$$

Gesamthubraum

$$V_H = \frac{\pi \cdot d^2}{4} \cdot s \cdot z$$

$$V_H = A \cdot s \cdot z$$

$$V_H = V_h \cdot z$$

Zylinderdurchmesser

$$d = \sqrt{\frac{4 \cdot V_h}{\pi \cdot s}}$$

Kolbenfläche

$$A = \frac{V_h}{s}$$

Kolbenhub

$$s = \frac{4 \cdot V_h}{\pi \cdot d^2} \qquad s = \frac{4 \cdot V_H}{\pi \cdot d^2 \cdot z}$$

Größe		Einheit
A	Kolbenfläche, Zylinderquerschnittsfläche	cm^2
d	Zylinderdurchmesser	cm
s	Kolbenhub	cm
V_h	Hubraum eines Zylinders	cm^3
V_H	Gesamthubraum des Motors	cm^3
z	Zylinderzahl	–

Verdichtung

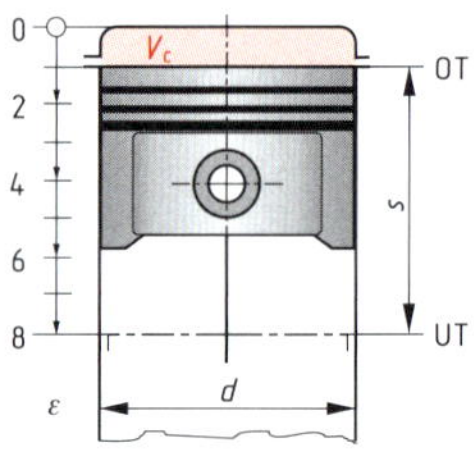

Verdichtungsverhältnis

$$\varepsilon = \frac{V_h + V_c}{V_c} \qquad \varepsilon = \frac{V_h}{V_c} + 1$$

Verdichtungsraum

$$V_c = \frac{V_h}{\varepsilon - 1}$$

Zylinderhubraum

$$V_h = V_c \cdot (\varepsilon - 1)$$

Verbrennungsraum

$$V_{bmax} = V_h + V_c \qquad V_{bmin} = V_c$$

Größe		Einheit
V_{bmax}	Verbrennungsraum, größter	cm^3
V_{bmin}	–, kleinster	cm^3
V_c	Verdichtungsraum	cm^3
V_h	Hubraum eines Zylinders	cm^3
ε	Verdichtungsverhältnis	–

Verdichtungsänderung

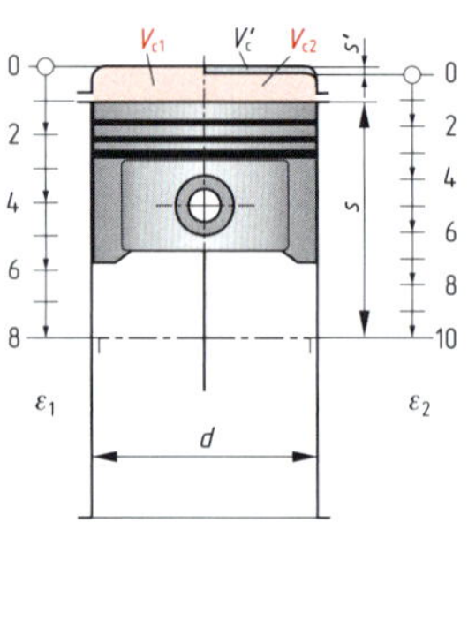

Änderung des Verdichtungsraumes

$$V_c' = A \cdot s'$$

Verdichtungserhöhung

$$V_{c2} = V_{c1} - V_c'$$

$$\varepsilon_2 = \frac{V_h + V_{c2}}{V_{c2}} \qquad \varepsilon_2 = \frac{s \cdot (\varepsilon_1 - 1)}{s - s' \cdot (\varepsilon_1 - 1)} + 1$$

$$s' = \frac{V_{c1} - V_{c2}}{A} \qquad s' = \frac{s}{\varepsilon_1 - 1} - \frac{s}{\varepsilon_2 - 1}$$

Verdichtungserniedrigung

$$V_{c2} = V_{c1} + V_c'$$

$$\varepsilon_2 = \frac{V_h + V_{c2}}{V_{c2}} \qquad \varepsilon_2 = \frac{s \cdot (\varepsilon_1 - 1)}{s + s' \cdot (\varepsilon_1 - 1)} + 1$$

$$s' = \frac{V_{c2} - V_{c1}}{A} \qquad s' = \frac{s}{\varepsilon_2 - 1} - \frac{s}{\varepsilon_1 - 1}$$

Größe		Einheit
A	Kolbenfläche, Zylinderquerschnittsfläche	cm^2
s	Kolbenhub	cm
s'	Höhenänderung, Abschleifmaß	cm
V_c'	Verdichtungsraumänderung	cm^3
V_{c1}	Verdichtungsraum, vor der Änderung	cm^3
V_{c2}	–, nach der Änderung	cm^3
V_h	Hubraum eines Zylinders	cm^3
ε_1	Verdichtungsverhältnis, altes	–
ε_2	–, neues	–

Hinweis:
Die Formeln gelten nur bei unverändertem Kolbenhub.

Kennzahlen

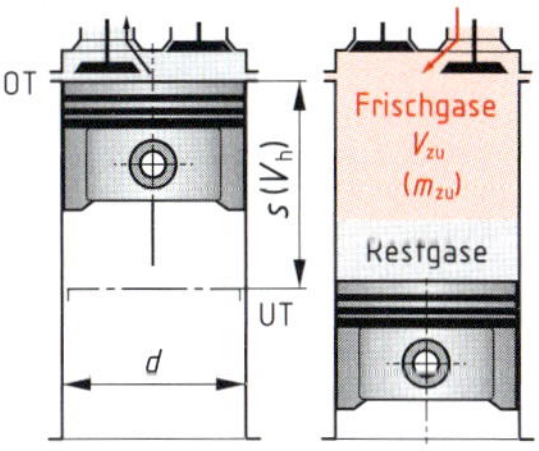

Hub-Bohrungsverhältnis:

Langhuber	$\alpha > 1$
Quadrathuber	$\alpha = 1$
Kurzhuber	$\alpha < 1$

Liefergrad:

Saugmotor,	
Viertaktmotor	0,7 … 1,0
Zweitaktmotor	0,5 … 0,7
Ladermotor	1,2 … 3,0

Hub-Bohrungsverhältnis

$\alpha = \frac{s}{d}$ $\quad d = \frac{s}{\alpha}$ $\quad s = \alpha \cdot d$

Liefergrad (Füllungsgrad)

$\lambda_L = \frac{m_{zu}}{m_{th}}$ $\quad \lambda_L = \frac{V_L}{V_{th}}$ $\quad \lambda_L = \frac{V_{zu} \cdot \varrho_{zu}}{V_h \cdot \varrho_{th}}$

Vorhandene Frischladung: $m_{zu} = V_{zu} \cdot \varrho_{zu}$

Theoretische Frischladung: $m_{th} = V_h \cdot \varrho_{th}$

Theoretisches Ansaugvolumen

Viertaktmotor: $V_{th} = \frac{V_H \cdot n}{2}$

Zweitaktmotor: $V_{th} = V_H \cdot n$

Größe		Einheit
d	Zylinderdurchmesser	mm
m_{th}	Masse der theoretischen Ladung des Hubraumes je Arbeitsspiel	kg
m_{zu}	Masse der vorhandenen Frischladung im Zylinder je Arbeitsspiel	kg
n	Motordrehzahl	1/min
s	Kolbenhub	mm
V_h	Hubraum eines Zylinders	m³
V_H	Motorhubraum	m³
V_L	tatsächliches Ansaugvolumen	l/min
V_{th}	theoretisches Ansaugvolumen	l/min
V_{zu}	Volumen der vorhandenen Frischladung im Zylinder je Arbeitsspiel	m³
α	Hub-Bohrungsverhältnis	–
λ_L	Liefergrad, Füllungsgrad	–
ϱ_{th}	Dichte der theoretischen Ladung des Hubraumes	kg/m³
ϱ_{zu}	Dichte der vorhandenen Frischladung im Zylinder	kg/m³

Abmessungen

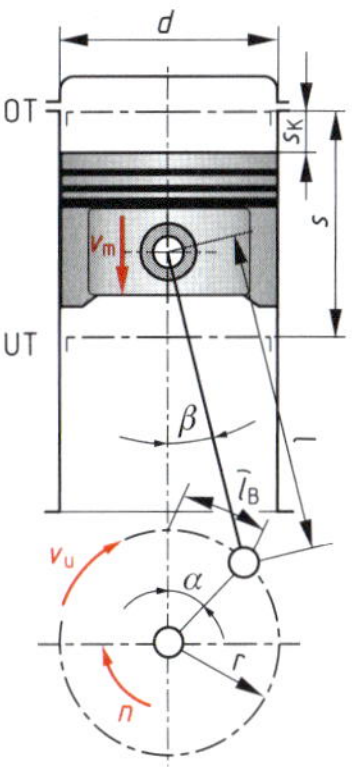

Pleuelstangenverhältnis:
„Kurbelradius zu Pleuelstangenlänge"

Pkw-Motoren	0,26 … 0,33
Lkw-Motoren	0,22 … 0,33

Kurbelradius

$r = \frac{s}{2}$

$r = \lambda_{PL} \cdot l$

$r = \frac{360° \cdot l_B}{2 \cdot \pi \cdot \alpha}$

Kurbelwinkel

$\sin\alpha = \frac{l \cdot \sin\beta}{r}$

$\sin\alpha = \frac{\sin\beta}{\lambda_P}$

$\alpha = \frac{360° \cdot l_B}{2 \cdot \pi \cdot r}$

Pleuelstangenverhältnis

$\lambda_{PL} = \frac{r}{l}$ $\quad l = \frac{r}{\lambda_{PL}}$

Pleuelstangenwinkel

$\sin\beta = \frac{r \cdot \sin\alpha}{l}$ $\quad \sin\beta = \lambda_{PL} \cdot \sin\alpha$

Kolbenhub

$s = 2 \cdot r$ $\quad s = \frac{30 \cdot v_m}{n}$ (s in m)

$s_K = r \cdot (1 - \cos\alpha) + l \cdot (1 - \cos\beta)$

Bogenlänge am Kurbelkreis

$l_B = \frac{2 \cdot \pi \cdot r \cdot \alpha}{360°}$ $\quad l_B = \frac{\pi \cdot s \cdot \alpha}{360°}$

Größe		Einheit
l	Pleuelstangenlänge	mm
l_B	Bogenlänge am Kurbelkreis	mm
n	Motordrehzahl	1/min
r	Kurbelradius	mm
s	Kolbenhub	mm (m)
s_K	Kolbenweg vom oberen Totpunkt	mm
v_m	mittl. Kolbengeschwindigkeit	m/s
α	Kurbelwinkel	°
β	Pleuelstangenwinkel	°
λ_{PL}	Pleuelstangenverhältnis	–

Kräfte

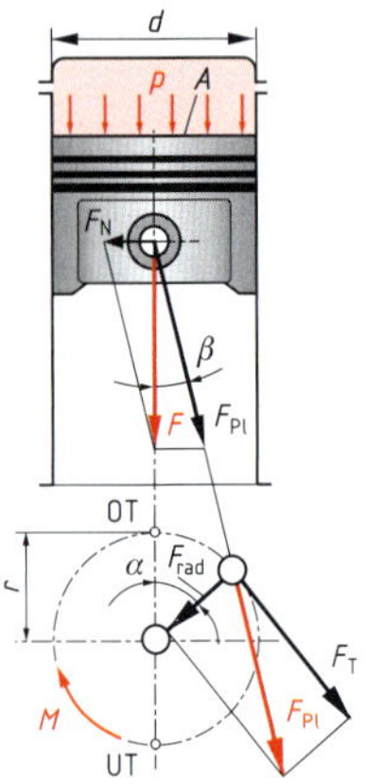

Kolbenkraft

$F = A \cdot p$

$F_{max} = A \cdot p_{max}$

$F = \frac{\pi \cdot d^2}{4} \cdot p$

Kolbendruck

$p = \frac{F}{A}$

$p = \frac{4 \cdot F}{\pi \cdot d^2}$

Pleuelstangenkraft

$F_{Pl} = \frac{F}{\cos\beta}$

Tangentialkraft

$F_T = \frac{F \cdot \sin(\alpha + \beta)}{\cos\beta}$

Seitenkraft

$F_N = F \cdot \tan\beta$

Radialkraft

$F_{rad} = \frac{F \cdot \cos(\alpha + \beta)}{\cos\beta}$

Drehmoment

$M = F_T \cdot r$

$M_{max} = \frac{F_{max}}{\cos\beta} \cdot r$

Größe		Einheit
A	Kolbenfläche	cm^2
d	Zylinderduchmesser	cm
F	Kolbenkraft	N
F_{max}	–, größte (bei p_{max})	N
F_N	Seitenkraft, Normalkraft	N
F_{Pl}	Pleuelstangenkraft	N
F_{rad}	Radialkraft	N
F_T	Tangentialkraft	N
M	Drehmoment am Kurbelkreis	Nm
M_{max}	–, größtes bei $\alpha + \beta = 90°$	Nm
p	Verbrennungs-, Gasdruck	N/cm^2
p_{max}	Verbrennungs-Höchstdruck	N/cm^2
r	Kurbelradius	m
α	Kurbelwinkel	°
β	Pleuelstangenwinkel	°

Motorarbeit

innere Motorarbeit

$W_i = A \cdot p_i \cdot s$

$W_i = \frac{V_H \cdot p_i}{100}$

effektive Motorarbeit

$W_{eff} = A \cdot p_{eff} \cdot s$

$W_{eff} = \frac{V_H \cdot p_{eff}}{100}$

Größe		Einheit
A	Kolbenfläche	cm^2
p_{eff}	mittlerer effektiver Kolbendruck	N/cm^2
p_i	mittlerer indizierter Kolbendruck	N/cm^2
s	Kolbenhub	m
V_H	Gesamthubraum des Motors	cm^3
W_i	innere Motorarbeit	Nm
W_{eff}	effektive Motorarbeit	Nm

Geschwindigkeiten

Kolbengeschwindigkeit

$v_m = \frac{s \cdot n}{30}$

$v_{max} \approx 1{,}6 \cdot v_m$

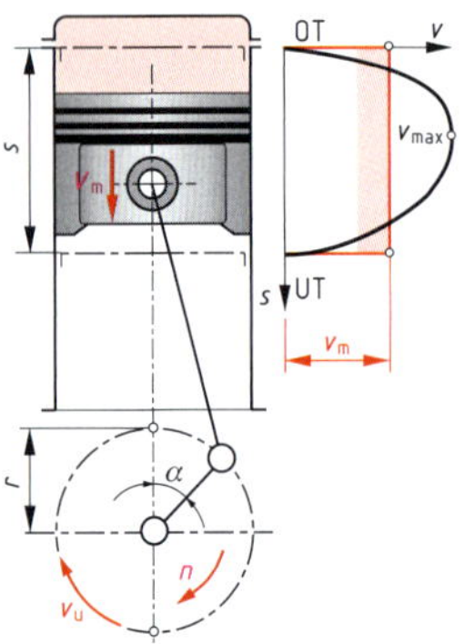

Kolbenhub

$s = \frac{30 \cdot v_m}{n}$

Motordrehzahl

$n = \frac{30 \cdot v_m}{s}$

Umfangsgeschwindigkeit

$v_u = \frac{2 \cdot \pi \cdot r \cdot n}{60}$

$v_u = \frac{\pi \cdot s \cdot n}{60}$

Winkelgeschwindigkeit

$\omega = \frac{\pi \cdot n}{30}$

$\omega = \frac{\alpha}{t_1}$ (α in rad)

Kurbelwinkel

$\alpha = 6 \cdot n \cdot t_1$

$\alpha = \omega \cdot t_1$

Größe		Einheit
n	Motordrehzahl	1/min
r	Kurbelradius	m
s	Kolbenhub	m
t_1	Zeit für $\alpha°$ Kurbelwinkel	s
v_{max}	Kolbengeschwindigkeit, größte	m/s
v_m	–, mittlere	m/s
v_u	Umfangsgeschwindigkeit des Kurbelzapfens am Kurbelkreis	m/s
α	Kurbelwinkel	° (rad)
ω	Winkelgeschwindigkeit	1/s

Steuerzeiten

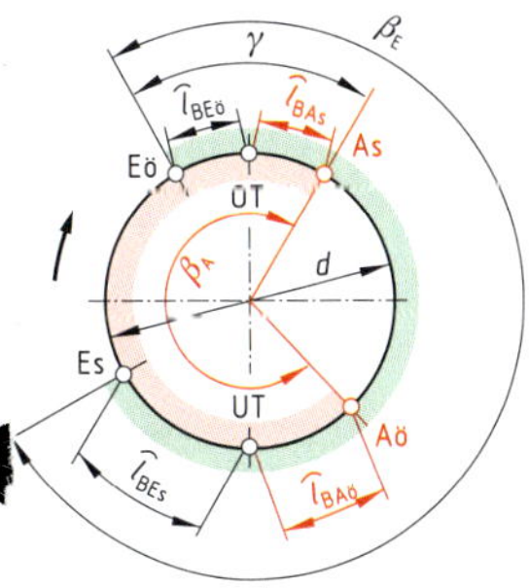

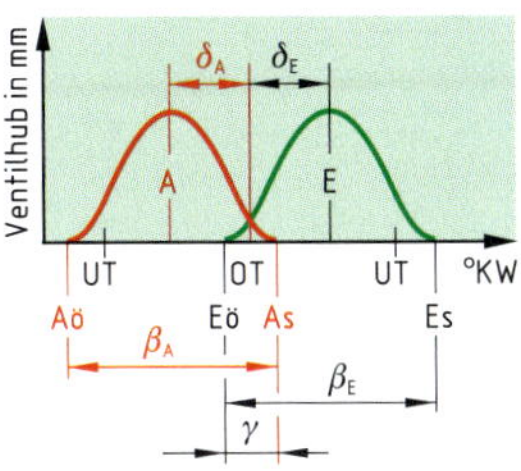

Steuerzeit

$$\alpha = \frac{360° \cdot l_B}{\pi \cdot d}$$

Bogenlänge

$$l_B = \frac{\pi \cdot d \cdot \alpha}{360°}$$

Öffnungswinkel

$$\beta_E = Eö + 180° + Es$$

$$\beta_A = Aö + 180° + As$$

Überschneidung

$$\gamma = Eö + As$$

Spreizung

$$\delta_E = \frac{\beta_E}{2} - Eö \qquad \delta_A = \frac{\beta_A}{2} - As$$

Bogenlänge auf dem Schwungrad (Einstellkreis)

$$l_B = \frac{\pi \cdot d \cdot \alpha}{360°} \qquad \text{z. B. } l_{BEö} = \frac{\pi \cdot d \cdot Eö}{360°}$$

Ventilöffnungszeit je Arbeitsspiel

$$t_1 = \frac{\beta}{6 \cdot n}$$

Ventilöffnungszeit je Minute

$$t_2 = \frac{\beta}{12}$$

Öffnungswinkel

$$\beta = 6 \cdot n \cdot t_1$$

$$\beta = 12 \cdot t_2$$

Motordrehzahl

$$n = \frac{\beta}{6 \cdot t_1}$$

$$n = \frac{2 \cdot t_2}{t_1}$$

Größe		Einheit
$Aö$	Steuerzeit, Auslass öffnet	°
As	–, Auslass schließt	°
$Eö$	–, Einlass öffnet	°
Es	–, Einlass schließt	°
d	Durchmesser, Schwungrad (Einstellkreis)	mm
l_B	Bogenlänge auf dem Schwungrad (Einstellkreis)	mm
n	Motordrehzahl	1/min
t_1	Öffnungszeit je Arbeitsspiel	s
t_2	je Minute Motorlaufzeit	s
α	Steuerzeit (Steuerwinkel)	°
β	Ventilöffnungswinkel	°
β_A	Öffnungswinkel, Auslassventil	°
β_E	–, Einlassventil	°
γ	Überschneidungswinkel	°
δ_A	Spreizung, Auslass	°
δ_E	–, Einlass	°

Ventilöffnungsquerschnitt

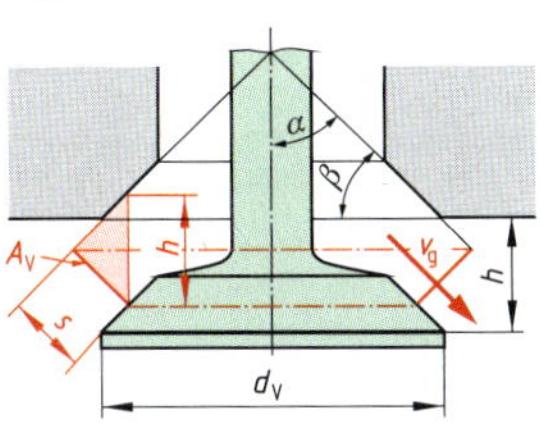

Querschnitt

$$A_V \approx \pi \cdot d_V \cdot h \cdot \sin\alpha$$

$$A_V \approx \pi \cdot d_V \cdot h \cdot \cos\beta$$

Spaltbreite

$$s = h \cdot \sin\alpha$$

$$s = h \cdot \cos\beta$$

Ventilhub

$$h \approx \frac{A_V}{\pi \cdot d_V \cdot \cos\beta}$$

$$h = \frac{s}{\cos\beta}$$

Durchmesser

$$d_V \approx \frac{A_V}{\pi \cdot h \cdot \cos\beta}$$

$$d_V \approx \frac{A_V}{\pi \cdot s}$$

Größe		Einheit
A_V	Ventilöffnungsquerschnitt	mm²
d_V	Ventiltellerdurchmesser	mm
h	Ventilhub	mm
s	Spaltbreite	mm
v_g	Gasgeschwindigkeit, mittlere	m/s
α	halber Kegelwinkel	°
β	Ventilsitzwinkel	°

Strömungsgeschwindigkeit

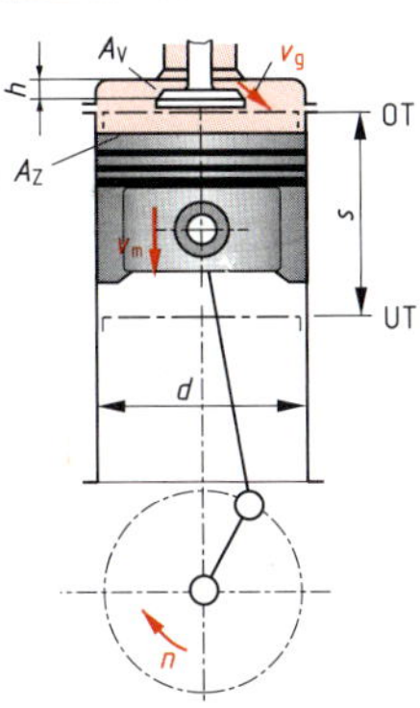

Gasgeschwindigkeit

$$v_g = \frac{v_m \cdot A_Z}{A_V} \qquad v_g = \frac{d^2 \cdot s \cdot n}{120 \cdot d_V \cdot h \cdot \cos\beta}$$

Kolbengeschwindigkeit

$$v_m = \frac{v_g \cdot A_V}{A_Z} \qquad v_m = \frac{s \cdot n}{30}$$

Querschnitt

$$A_V = \frac{A_Z \cdot v_m}{v_g} \qquad A_V \approx \pi \cdot d_V \cdot h \cdot \cos\beta$$

$$A_Z = \frac{A_V \cdot v_g}{v_m} \qquad A_Z = \frac{\pi \cdot d^2}{4}$$

Größe		Einheit
A_V	Ventilöffnungsquerschnitt	cm²
A_Z	Zylinderquerschnittsfläche	cm²
d	Zylinderdurchmesser	cm
d_V	Ventiltellerdurchmesser	cm
h	Ventilhub	cm
n	Motordrehzahl	1/min
s	Kolbenhub	m
v_g	Gasgeschwindigkeit, mittlere	m/s
v_m	Kolbengeschwindigkeit, mittlere	m/s
α	halber Kegelwinkel	°
β	Ventilsitzwinkel	°

Innenleistung

Indikator-Diagramm

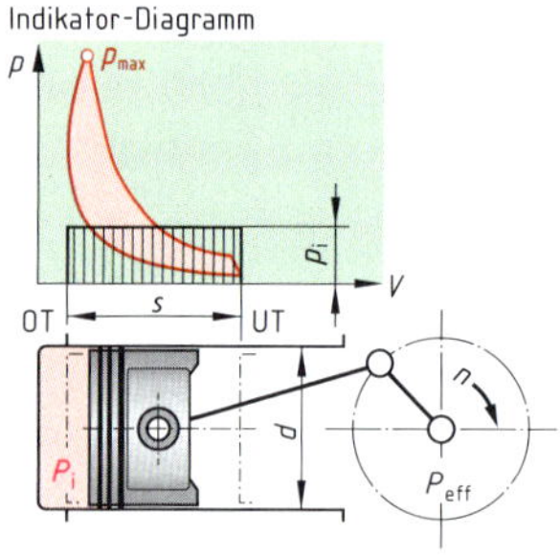

– aus Nutzleistung

$$P_i = \frac{P_{eff}}{\eta_m} \qquad P_i = P_{eff} + P_r$$

– aus Kolbendruck

$$P_i = \frac{A \cdot p_i \cdot s \cdot n \cdot z}{12\,000} \qquad P_i = \frac{V_H \cdot p_i \cdot n}{1\,200}$$

Kolbendruck

$$p_i = \frac{12\,000 \cdot P_i}{A \cdot s \cdot n \cdot z} \qquad p_i = \frac{1\,200 \cdot P_i}{V_H \cdot n}$$

Motordrehzahl

$$n = \frac{12\,000 \cdot P_i}{A \cdot p_i \cdot s \cdot z} \qquad n = \frac{1\,200 \cdot P_i}{V_H \cdot p_i}$$

Kolbenhub / **Hubraum**

$$s = \frac{12\,000 \cdot P_i}{A \cdot p_i \cdot n \cdot z} \qquad V_H = \frac{12\,000 \cdot P_i}{p_i \cdot n}$$

Kolbenfläche

$$A = \frac{12\,000 \cdot P_i}{p_i \cdot s \cdot n \cdot z}$$

Größe		Einheit
A	Kolbenfläche	cm²
d	Zylinderdurchmesser	cm
n	Motordrehzahl	1/min
p_i	indizierter Kolbendruck, mittlerer	bar
P_{eff}	Nutzleistung des Motors	kW
P_i	Innenleistung des Motors	kW
P_r	Reibleistung des Motors	kW
s	Kolbenhub	m
V_H	Gesamthubraum des Motors	l
z	Zylinderzahl	–
η_m	mechanischer Wirkungsgrad	–

Anmerkung

Nebenstehende Formeln gelten für Viertaktmotoren. Bei Zweitaktmotoren werden für die Zahlenwerte 12 000 bzw. 1 200 die Werte 6 000 bzw. 600 eingesetzt.

Nutzleistung

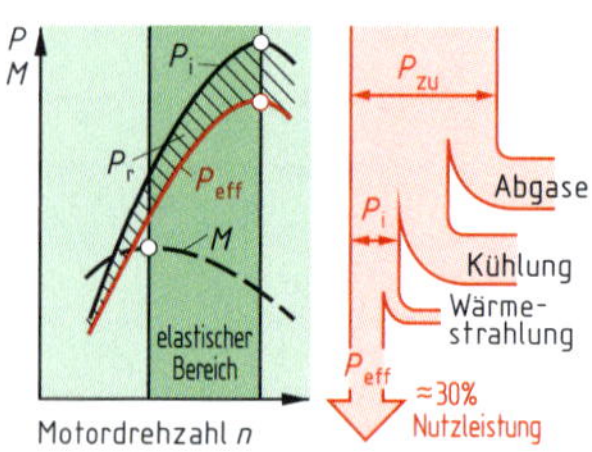

Wirkungsgrad

	η_{eff}	η_m
Ottomotor	0,28…0,33	0,80…0,94
Dieselmotor	0,32…0,45	0,75…0,88

– aus Innenleistung

$$P_{eff} = \frac{p_{eff} \cdot n \cdot V_H}{1\,200} \qquad P_{eff} = P_i \cdot \eta_m$$

– aus Drehmoment

$$P_{eff} = \frac{M \cdot n}{9\,550}$$

– aus Wärmemenge

$$P_{eff} = \frac{B \cdot H_u \cdot \eta_{eff}}{3\,600}$$

Drehmoment / **Druck**

$$M = \frac{9\,550 \cdot P_{eff}}{n} \qquad p_{eff} = \frac{1\,200 \cdot P_{eff}}{V_H \cdot n}$$

Wirkungsgrad

$$\eta_{eff} = \frac{3\,600 \cdot P_{eff}}{B \cdot H_u} \qquad \eta_m = \frac{P_{eff}}{P_i}$$

Motordrehzahl / **Kraftstoffverbrauch**

$$n = \frac{9\,550 \cdot P_{eff}}{M} \qquad B = \frac{3\,600 \cdot P_{eff}}{H_u \cdot \eta_{eff}}$$

Größe		Einheit
A	Kolbenfläche	cm²
B	Kraftstoffverbrauch je Stunde	kg/h
H_u	Heizwert, spezifischer	kJ/kg
M	Drehmoment des Motors	Nm
n	Motordrehzahl	1/min
p_{eff}	effektiver Kolbendruck, mittlerer	bar
P_{eff}	Nutzleistung des Motors	kW
P_i	Innenleistung des Motors	kW
P_r	Reibleistung des Motors	kW
P_{zu}	zugeführte Leistung	kW
s	Kolbenhub	m
V_H	Gesamthubraum	l
z	Zylinderzahl	–
η_{eff}	Wirkungsgrad, effektiver (Nutzwirkungsgrad)	–
η_m	–, mechanischer	–

Leistungsprüfung

Motorprüfstand

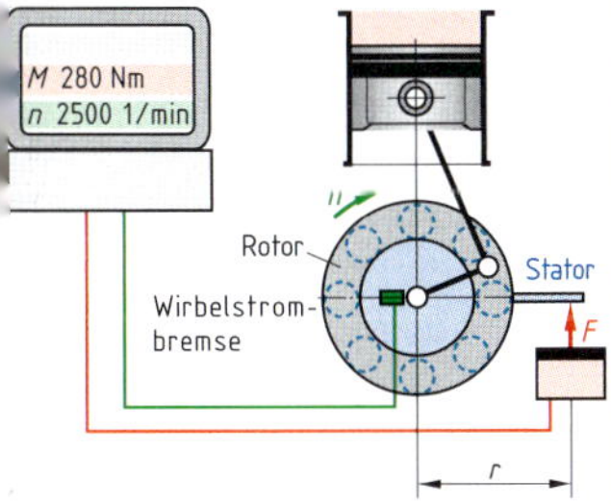

Rollenprüfstand

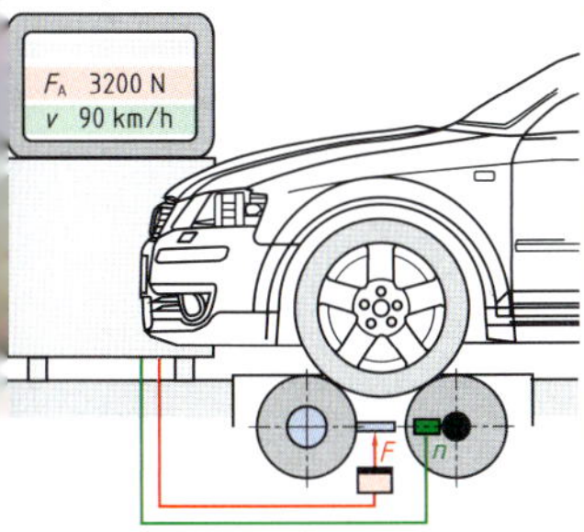

– auf dem Motorprüfstand

$$P_{eff} = \frac{M \cdot n}{9550}$$

$$M = F \cdot r$$

$$P_{eff} = \frac{F \cdot r \cdot n}{9550}$$

– auf dem Rollenprüfstand

$$P_A = \frac{F_A \cdot v}{3600} \qquad P_A = P_{eff} \cdot \eta$$

$$P_{eff} = \frac{P_A}{\eta}$$

Leistungskorrektur bei Verbrennungsmotoren

$$P_{red} = P_{eff} \cdot k$$

Bei Saugmotoren und aufgeladenen Ottomotoren* gilt nach Nr. 85 UNECE:

$$k = \left(\frac{990}{p_s}\right)^{1,2} \cdot \left(\frac{273 + t}{298}\right)^{0,6}$$

Größe		Einheit
F	gemessene Kraft	N
F_A	Kraft an den Antriebsrädern	N
k	Korrekturfaktor	–
M	Motordrehmoment	Nm
n	Motordrehzahl	1/min
p_S	atmosphärischer Gesamtdruck der trockenen Luft	hPa, mbar
P_A	Leistung an den Antriebsrädern	kW
P_{eff}	Nutzleistung des Motors	kW
P_{red}	Nutzleistung bei Referenzbedingungen	kW
r	Hebelarm am Prüfstand (Wirbelstrombremse)	m
t	Temperatur am Prüfstand	°C
v	Prüfgeschwindigkeit	km/h
η	Wirkungsgrad der Kraftübertragung	–

Hinweise:
Atmosphärendruck und Ansaugtemperatur beeinflussen die gemessene Motorleistung von Verbrennungsmotoren. Bei Abweichung der Prüfbedingungen von den Referenzbedingungen, muss eine Korrektur mit einem Korrekturfaktor *k* erfolgen.
Referenzbedingungen nach Nr. 85 UNECE:
p_S = 990 hPA, t = 25 °C (298 K)

Die Leistungsmessung ist nur normgerecht, wenn der errechnete Korrekturfaktor zwischen 0,93 und 1,07 liegt.

* Die hier nicht aufgeführte Formel für den Korrekturfaktor bei Dieselmotoren beinhaltet weitere motorspezifische Parameter.

Kenngrößen

Hubraumleistung in kW/l

Ottomotor	
– Motorrad	35 … 150
– Pkw	25 … 132
Dieselmotor	
– Pkw	22 … 98
– Nkw	15 … 30

Leistungsgewicht Motor in kg/kW

Ottomotor	
– Motorrad	0,4 … 1
– Pkw	1,3 … 5
Dieselmotor	
– Pkw	1,8 … 6,8
– Nkw	3,5 … 8

Leistungsgewicht Fahrzeug in kg/kW

Ottomotor	
– Motorrad	1,0 … 9
– Pkw	2,3 … 22
Dieselmotor	
– Pkw	6 … 25
– Nkw (beladen)	60 … 120

Hubraumleistung

$$P_H = \frac{P_{eff}}{V_H}$$

$$P_{eff} = P_H \cdot V_H$$

Leistungsgewicht Motor

$$m_{PM} = \frac{m_M}{P_{eff}}$$

$$P_{eff} = \frac{m_M}{m_{PM}}$$

Leistungsgewicht Fahrzeug

$$m_{PF} = \frac{m_F}{P_{eff}}$$

$$P_{eff} = \frac{m_F}{m_{PF}}$$

Größe		Einheit
m_F	Fahrzeugmasse leer Pkw bzw. zul. Gesamtmasse Nkw	kg
m_M	Motormasse	kg
m_{PF}	Leistungsgewicht des Fahrzeugs	kg/kW
m_{PM}	Leistungsgewicht des Motors	kg/kW
P_{eff}	Nutzleistung des Motors	kW
P_H	Hubraumleistung des Motors	kW/l
V_H	Gesamthubraum des Motors	l

Luftverhältnis, Luftverbrauch, CO_2-Emission, Reichweite

Luftverhältnis, Luftverbrauch

	LL	TL	VL
Dieselmotor	7 … 20	2,5 … 3	1,2 … 1,6
Ottomotor – homogener Betrieb	geregelt 1		≈ 0,9
– Schichtlade-Betrieb	1,5 … 4,0		–

LL = Lerlauf
TL = Teillast
VL = Volllast

Luftverhältnis

$$\lambda = \frac{L_{zu}}{L_{th}}$$

$$\lambda = \frac{L_B}{L_{th} \cdot B}$$

Luftmasse

$$L_{zu} = \lambda \cdot L_{th}$$

$$L_{zu} = \frac{L_B}{B}$$

Luftverbrauch in kg/h

$$L_B = \lambda \cdot L_{th} \cdot B \qquad L_B = L_{zu} \cdot B$$

Luftverbrauch in m³/h

$$L_B = \frac{\lambda \cdot L_{th} \cdot B}{\varrho} \qquad L_B = \frac{L_{zu} \cdot B}{\varrho}$$

Kraftstoffverbrauch

$$B = \frac{L_B}{\lambda \cdot L_{th}} \qquad B = \frac{L_B}{L_{zu}}$$

Größe		Einheit
B	Kraftstoffverbrauch je Stunde	kg/h
L_B	Luftverbrauch je Stunde	kg/h, m³/h
L_{th}	theoretischer Luftbedarf	kg/kg
L_{zu}	zugeführte Luftmasse	kg/kg
λ	Luftverhältnis, Luftzahl	–
ϱ	Luftdichte	kg/m³

Theoretischer Luftbedarf:
in kg (Luft)/kg (Kraftstoff)
Ottokraftstoff
– Super E5 (5 % Ethanol) ≈ 14,4 kg/kg
– Super E10 (10 % Ethanol) ≈ 14,1 kg/kg
Ethanol ≈ 9,0 kg/kg
Dieselkraftstoff ≈ 14,5 kg/kg

CO_2-Emission (Abschätzung)

Atommassen:

C (Kohlenstoff)	12
O (Sauerstoff)	16
H (Wasserstoff)	1

$C + O_2 = CO_2$
$12 + 2 \cdot 16 = 44$

Massenverhältnis:

$$\frac{CO_2}{C} = \frac{44}{12} = 3{,}667$$

$$m_{CO_2} = \frac{3{,}667 \cdot m_K \cdot p_C}{100\,\%}$$

Hinweis:
Die CO_2-Emission eines Fahrzeugs in g/km (nach EU-Verordnung) wird auf dem Prüfstand bei der Abgasprüfung ermittelt, die im Rahmen der Typprüfung stattfindet.

Größe		Einheit
m_{CO_2}	CO_2-Emission	kg
m_K	Kraftstoffmasse	kg
p_C	Massenanteil des Kohlenstoffs im Kraftstoff	%

Massenanteile (theoretisch):
Ottokraftstoff $p_C = 86\,\%$, $p_H = 14\,\%$
Dieselkraftstoff $p_C = 87\,\%$, $p_H = 13\,\%$

Reichweite

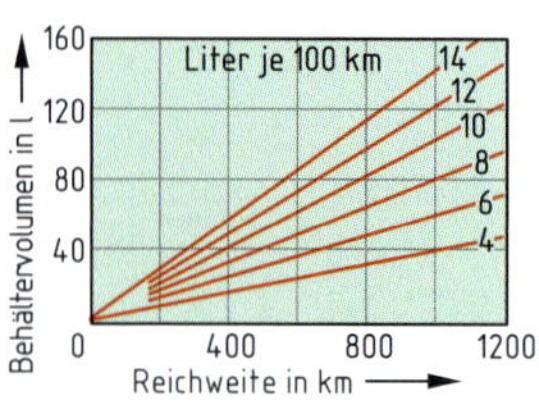

Reichweite (Fahrbereich)

$$s_B = \frac{100 \cdot V_B}{k_S}$$

Behältervolumen

$$V_B = \frac{k_S \cdot s_B}{100}$$

Kraftstoffverbrauch

$$k_S = \frac{100 \cdot V_B}{s_B}$$

Größe		Einheit
k_S	Kraftstoff-Durchschnittsverbrauch (Streckenverbrauch)	l/100 km
s_B	Reichweite mit einer Tankfüllung	km
V_B	Volumen des Kraftstoffbehälters	l

Kraftstoffverbrauch

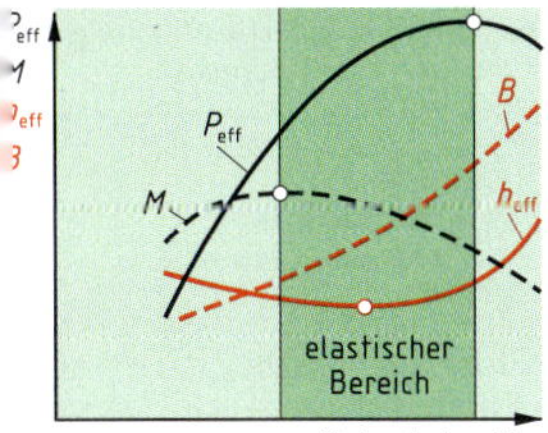

Spezifischer Kraftstoffverbrauch
(Richtwerte)

Ottomotor	
- Teillast	220 … 600 g/kWh
- Volllast	240 … 320 g/kWh
Dieselmotor	
- Teillast	185 … 400 g/kWh
- Volllast	200 … 250 g/kWh

Spezifischer Kraftstoffverbrauch

$$b_{eff} = \frac{3600 \cdot V \cdot \varrho}{t \cdot P_{eff}}$$

$$b_{eff} = \frac{1000 \cdot B}{P_{eff}}$$

Kraftstoffverbrauch je Stunde

$$B = \frac{3600 \cdot V \cdot \varrho}{1000 \cdot t}$$

$$B = \frac{b_{eff} \cdot P_{eff}}{1000}$$

Kraftstoffverbrauch aus dem Nutzwirkungsgrad

$$b_{eff} = \frac{1000 \cdot 3600}{H_u \cdot \eta_{eff}}$$

$$B = \frac{3600 \cdot P_{eff}}{H_u \cdot \eta_{eff}}$$

Größe		Einheit
B	Kraftstoffverbrauch je Stunde	kg/h
b_{eff}	spezifischer Kraftstoffverbrauch	g/kWh
H_u	spezifischer Heizwert des Kraftstoffs	kJ/kg
P_{eff}	Nutzleistung des Motors	kW
t	Durchflusszeit	s
V	gemessener Kraftstoffverbrauch	cm^3
η_{eff}	Nutzwirkungsgrad	–
ϱ	Kraftstoffdichte	kg/dm^3 (g/cm^3)

Nutzwirkungsgrad:

Ottomotor	0,28 … 0,33
Dieselmotor	0,32 … 0,45

Spezifischer Heizwert (Mittelwerte):

Superkraftstoff	41 000 … 41 600 kJ/kg
Dieselkraftstoff	42 900 … 43 100 kJ/kg
Ethanol	26 800 kJ/kg
Erdgas	40 300 … 49 100 kJ/kg
Autogas	46 400 kJ/kg

Kraftstoffdichte:
Ottokraftstoff (nach DIN EN 228)
$\varrho = 0{,}720 \ldots 0{,}775$ kg/dm^3 (g/cm^3)

Dieselkraftstoff (nach DIN EN 590)
$\varrho = 0{,}820 \ldots 0{,}845$ kg/dm^3 (g/cm^3)

Kraftstoff-Durchschnittsverbrauch (Kraftstoff-Streckenverbrauch)

$$k_S = \frac{100 \cdot V_K}{s} \qquad k_S = \frac{100 \cdot m_K}{s \cdot \varrho}$$

$$s = \frac{100 \cdot V_K}{k_S} \qquad V_K = \frac{k_S \cdot s}{100}$$

Größe		Einheit
k_S	Kraftstoff-Durchschnittsverbrauch (Kraftstoff-Streckenverbrauch)	l/100 km
m_K	gemessener Kraftstoffverbrauch	kg
s	Fahrstrecke	km
V_K	gemessener Kraftstoffverbrauch	l
ϱ	Kraftstoffdichte	kg/dm^3 (g/cm^3)

Kraftstoffverbrauch Pkw und leichte Nfz mit Verbrennungsmotor nach EU 2017/1151

WLTP-Fahrzyklus
(engl.: **W**orldwide Harmonized **L**ight Vehicle **T**est **P**rocedure)

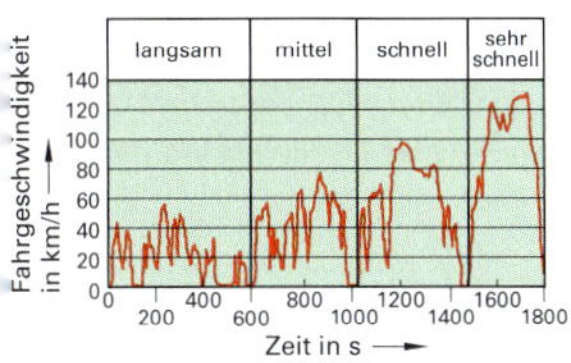

Streckenlänge	23,25 km
Zyklusdauer	30 min
Standzeitanteil	13 %
Geschwindigkeit	
– Mittelwert	46,6 km/h
– Maximalwert	131 km/h
Antriebsleistung	
– Mittelwert	7 kW
– Maximalwert	47 kW
Temperatur in der Prüfkammer	23 °C

Die Verbrauchswerte für Pkw und leichte Nfz mit Verbrennungsmotor werden bei der Typprüfung auf dem Prüfstand mit dem WLTP-Fahrzyklus (Abb. links) ermittelt.
Der Kraftstoffverbrauch wird dabei nicht direkt bestimmt, sondern aus den gemessenen Werten der CO_2-, CO- und HC-Emissionen berechnet.
In den Berechnungsformeln werden die Motorbauart und der bei der Prüfung verwendete Kraftstoff berücksichtigt.

k	Kraftstoffverbrauch (WLTP)	l/100 km
ϱ	Dichte des für die Typprüfung verwendeten Kraftstoffs	kg/dm^3 (g/cm^3)
HC	HC-Emission (WLTP)	g/km
CO	CO-Emission (WLTP)	g/km
CO_2	CO_2-Emission (WLTP)	g/km

Hinweis:
Außerhalb der EU-Norm können zur Abschätzung des Kraftstoffverbrauchs *vereinfachte Formeln* (siehe unten) verwendet werden, in die nur die angegebene CO_2-Emission des Fahrzeugs eingesetzt wird.

Kraftstoffverbrauch Fahrzeuge mit Fremdzündungsmotor (Benzinmotor)

mit Superkraftstoff E10:

$$k = \frac{0{,}1206}{\varrho}\,(0{,}829 \cdot HC + 0{,}429 \cdot CO + 0{,}273 \cdot CO_2)$$

Vereinfachte Formel (Benzin):

$$k = \frac{CO_2}{23{,}2}$$

Kraftstoffverbrauch Fahrzeuge mit Selbstzündungsmotor (Dieselmotor)

mit Dieselkraftstoff B7::

$$k = \frac{0{,}1165}{\varrho}\,(0{,}858 \cdot HC + 0{,}429 \cdot CO + 0{,}273 \cdot CO_2)$$

Vereinfachte Formel (Diesel):

$$k = \frac{CO_2}{26{,}5}$$

Kraftstoffverbrauch Fahrzeuge mit Hybridantrieb

Für die Ermittlung des WLTP-Kraftstoffverbrauchs von Kfz mit Hybridantrieb gelten gesonderte Vorgaben (vgl. EU 2017/1151).

Motorkühlung

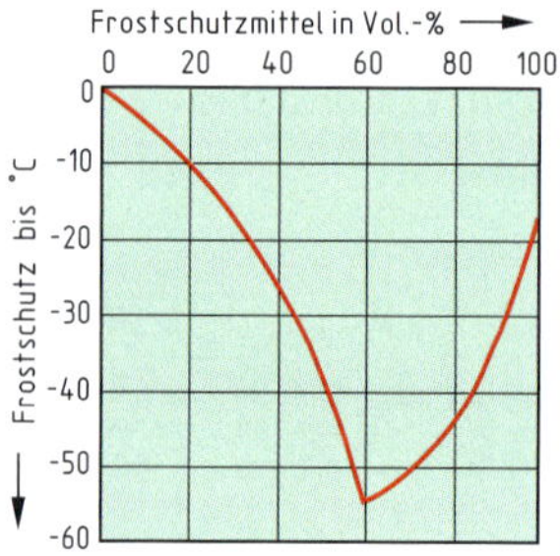

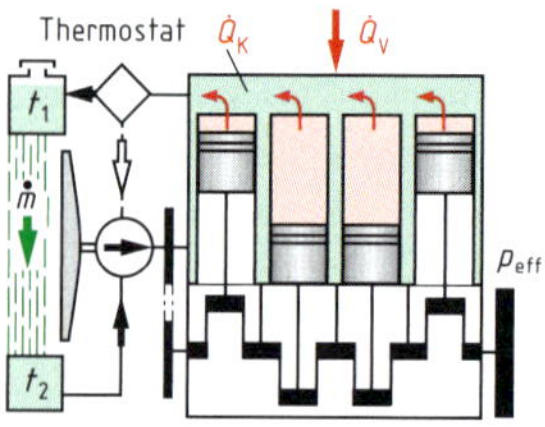

Mögliche Energieverteilung:

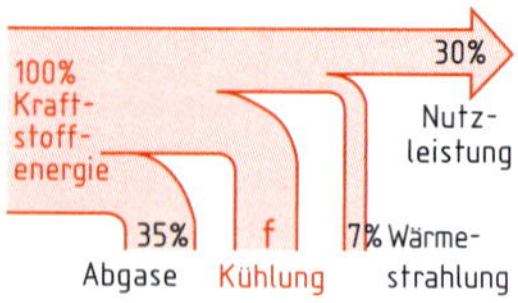

Frostschutz

$$V_F = \frac{V_K \cdot p_F}{p_W + p_F} \qquad V_W = \frac{V_K \cdot p_W}{p_W + p_F}$$

Anteile

$$p_F = \frac{p_W \cdot V_F}{V_W} \qquad p_W = \frac{p_F \cdot V_W}{V_F}$$

Dichte

$$\varrho_K = \frac{V_W \cdot \varrho_W + V_F \cdot \varrho_F}{V_K}$$

$$\varrho_F = \frac{V_K \cdot \varrho_K - V_W \cdot \varrho_W}{V_F}$$

Wärmemenge

$$\dot{Q}_K = B \cdot H_u \cdot f \qquad \dot{Q}_V = B \cdot H_u$$

$$\dot{Q}_K = \frac{b_{eff} \cdot P_{eff} \cdot H_u \cdot f}{1000} \qquad \dot{Q}_V = \frac{b_{eff} \cdot P_{eff} \cdot H_u}{1000}$$

$$\dot{Q}_K = \dot{m} \cdot c \cdot \Delta T \qquad \dot{Q}_V = \frac{\dot{Q}_K}{f}$$

Durchsatz

$$\dot{m} = \frac{B \cdot H_u \cdot f}{\Delta T \cdot c}$$

$$\dot{m} = \frac{\dot{Q}_K}{\Delta T \cdot c}$$

$$\dot{m} = \dot{z} \cdot m_K$$

Temperatur

$$\Delta T = \frac{B \cdot H_u \cdot f}{\dot{m} \cdot c}$$

$$\Delta T = \frac{\dot{Q}_K}{\dot{m} \cdot c}$$

$$\Delta T = \Delta t = t_1 - t_2$$

Umlaufzahl

$$\dot{z} = \frac{\dot{m}}{m_K} = \frac{60}{t_U}$$

$$\dot{z} = \frac{\dot{Q}_K}{\Delta T \cdot c \cdot m_K}$$

Umlaufzeit

$$t_U = \frac{60}{\dot{z}}$$

$$t_U = \frac{60 \cdot m_K}{\dot{m}} \qquad t_U = \frac{60 \cdot V_K}{\dot{V}_K}$$

Größe		Einheit
B	Kraftstoffverbrauch je Stunde	kg/h
b_{eff}	–, spezifischer	g/kWh
c	Wärmekapazität, spezifische	kJ/(kg · K)
f	Wärmefluss an Kühlflüssigkeit	–
H_u	Heizwert, spezifischer	kJ/kg
$\dot{m}$	Kühlflüssigkeitsdurchsatz	kg/h
m_K	Kühlsysteminhalt	kg
P_{eff}	Nutzleistung des Motors	kW
p_F	Anteile des Frostschutzes	–
p_W	– des Wassers	–
$\dot{Q}_K$	Wärmemenge, abzuführende	kJ/h
$\dot{Q}_V$	–, zugeführte (verbrauchte)	kJ/h
t_U	Zeit für 1 Kühlmittelumlauf	min
t_1	Kühlflüssigkeitstemperatur, bei Eintritt in den Kühler	°C
t_2	– bei Austritt aus dem Kühler	°C
ΔT	Temperaturunterschied zwischen Eintritt und Austritt	K
V_F	Volumen der Frostschutzmenge	l
V_K	Volumen der Kühlflüssigkeit	l
$\dot{V}_K$	Kühlflüssigkeitsdurchsatz	l/h
V_W	Volumen der Wassermenge	l
$\dot{z}$	Umlaufzahl der Kühlflüssigkeit	1/h
ϱ_F	Dichte des Frostschutzes	kg/l
ϱ_K	– der Kühlflüssigkeit	kg/l
ϱ_W	– des Wassers	kg/l

Spezifischer Heizwert, Mittelwerte:

Superkraftstoff	41 000 ... 41 600 kJ/kg
Dieselkraftstoff	42 900 ... 43 100 kJ/kg
Ethanol	26 800 kJ/kg
Erdgas	40 300 ... 49 100 kJ/kg
Autogas	46 400 kJ/kg

Spezifische Wärmekapazität für Wasser:
c = 4,2 kJ/kg · K

Motorschmierung	Spezifischer Schmierölverbrauch	Größe	Einheit

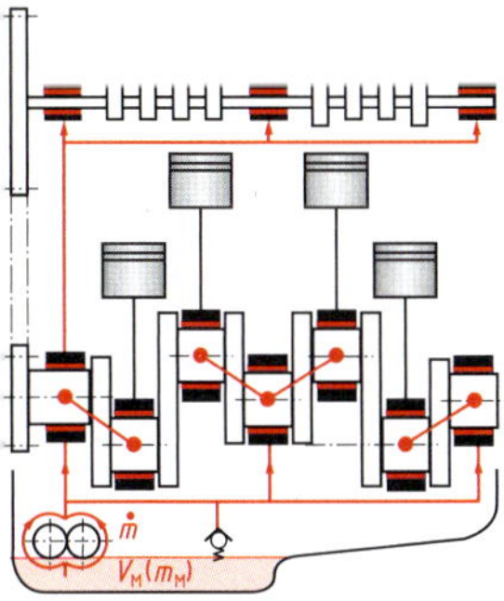

Mit V_s in cm³:

$$b_s = \frac{3600 \cdot V_s \cdot \varrho}{P_{eff} \cdot t}$$

$$b_s = \frac{1000 \cdot B_s}{P_{eff}}$$

Mit m_s in g:

$$b_s = \frac{3600 \cdot m_s}{P_{eff} \cdot t}$$

$$B_s = \frac{b_s \cdot P_{eff}}{1000}$$

Streckenverbrauch = Schmierölverbrauch

$$v_s = \frac{100 \cdot V_s}{s} \qquad v_s = \frac{100 \cdot m_s}{\varrho \cdot s}$$

Schmieröldurchsatz = Fördermenge der Pumpe

$$\dot{m} = \frac{60 \cdot V_M \cdot \varrho}{t_U} \qquad \dot{m} = \frac{60 \cdot m_M}{t_U}$$

$$\dot{m} = V_M \cdot \varrho \cdot \dot{z} \qquad \dot{m} = m_M \cdot \dot{z}$$

Umlaufzahl

$$\dot{z} = \frac{\dot{m}}{V_M \cdot \varrho} = \frac{\dot{m}}{m_M}$$

$$\dot{z} = \frac{60}{t_U}$$

Umlaufzeit

$$t_U = \frac{60}{\dot{z}}$$

$$t_U = \frac{60 \cdot m_M}{\dot{m}} = \frac{60 \cdot V_M}{\dot{V}_M}$$

Zweitaktgemisch 1 : $k = V_S : V_K$

$$V_S = \frac{V_G}{1 + k} \qquad V_K = V_G - V_S$$

$$V_S = \frac{V_K}{k} \qquad V_K = V_S \cdot k$$

Größe		Einheit
B_s	Schmierölverbrauch je Stunde	kg/h
b_s	–, spezifischer	g/kWh
m_s	–, gemessener	kg (g)
$\dot{m}$	Schmieröldurchsatz	kg/min
m_M	Ölfüllung des Motors	kg
k	Kraftstoffanteile	–
P_{eff}	Nutzleistung des Motors	kW
s	Fahrstrecke, Prüfstrecke	km
t	Fahrzeit, Prüfzeit	s
t_U	Zeit für 1 Schmierölumlauf	s
V_G	Volumen des Kraftstoff-Öl-Gemisches	l
V_K	– des Kraftstoffs	l
V_S	– des Zweitaktschmieröls	l
V_M	Ölfüllung des Motors	l
$\dot{V}_M$	Schmieröldurchsatz	l/min
V_s	Schmierölverbrauch, gemessener	l (cm³)
v_s	–, Streckenverbrauch	l je 100 km
$\dot{z}$	Umlaufzahl des Schmieröls	1/min
ϱ	Dichte des Schmieröls	g/cm³, kg/l

Dichte von Schmieröl:
$\varrho = 0{,}9 \ldots 0{,}92$ kg/l

Abmessungen

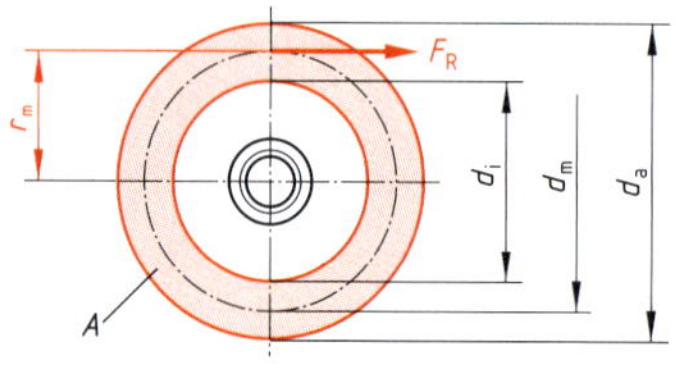

mittlerer Reibradius

$$r_m = \frac{d_a + d_i}{4}$$

Belagdurchmesser

$$d_a = \sqrt{d_i^2 + \frac{4 \cdot A}{\pi}}$$

$$d_i = \sqrt{d_a^2 - \frac{4 \cdot A}{\pi}}$$

Belagreibfläche:

$$A = \frac{\pi}{4} \cdot (d_a^2 - d_i^2)$$

Größe		Einheit
A	Fläche einer Belagseite	cm²
d_a	Außendurchmesser	cm
d_i	Innendurchmesser	cm
d_m	mittlerer Durchmesser	cm
r_m	mittlerer Radius der Reibfläche (Belag)	cm, m

Kraftübertragung

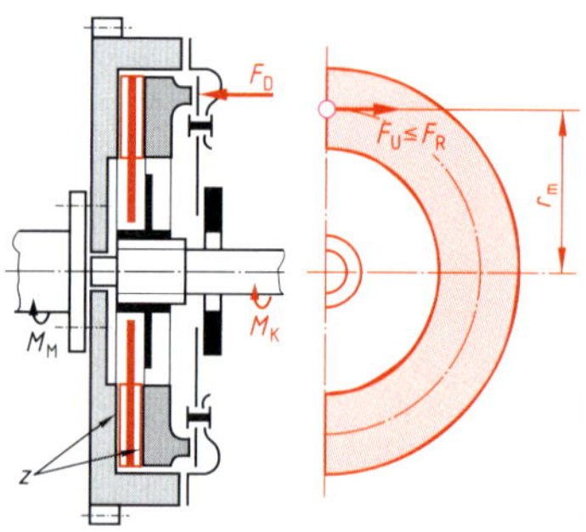

Haftreibungszahl

organische Beläge	
– trocken	0,30 … 0,35
– nass	0,08 … 0,15
anorganische Beläge	0,35 … 0,45

Sicherheitsfaktor 1,4 … 1,8

Umfangskraft

$$F_U = \frac{M_M}{r_m}$$

Reibungskraft

$$F_R = \frac{M_K}{r_m}$$

$$F_R = F_D \cdot \mu_H \cdot z$$

$F_U < F_R$	Motordrehmoment wird voll übertragen
$F_U = F_R$	Grenzbereich
$F_U > F_R$	Kupplung rutscht

Kupplungsdrehmoment

$$M_K = F_R \cdot r_m$$

$$M_K = F_R \cdot \frac{d_a + d_i}{4}$$

$$M_K = F_D \cdot \mu_H \cdot z \cdot r_m$$

$$M_K = M_{Mmax} \cdot S$$

Sicherheitsfaktor

$$S = \frac{M_K}{M_{Mmax}}$$

Motordrehmoment

$$M_M = F_U \cdot r_m$$

$$M_{Mmax} = \frac{M_K}{S}$$

Größe		Einheit
d_a	Außendurchmesser	cm
d_i	Innendurchmesser	cm
F_D	Anpresskraft der Druckplatte	N
F_R	Reibungskraft an den Reibflächen der Kupplungsscheibe	N
F_U	Umfangskraft am mittleren Radius der Reibflächen	N
M_K	Kupplungsdrehmoment, größtes übertragbares	Nm
M_M	Motordrehmoment	Nm
M_{Mmax}	–, größtes	Nm
r_m	mittlerer Radius der Reibfläche	m
S	Sicherheitsfaktor	–
z	Anzahl der Reibflächen (z. B.: Einscheibenkupplung $z = 2$)	–
μ_H	Haftreibungszahl zwischen Kupplungsbelag und Druckplatte/Schwungrad	–

Kupplungsbetätigung

mechanische Betätigung

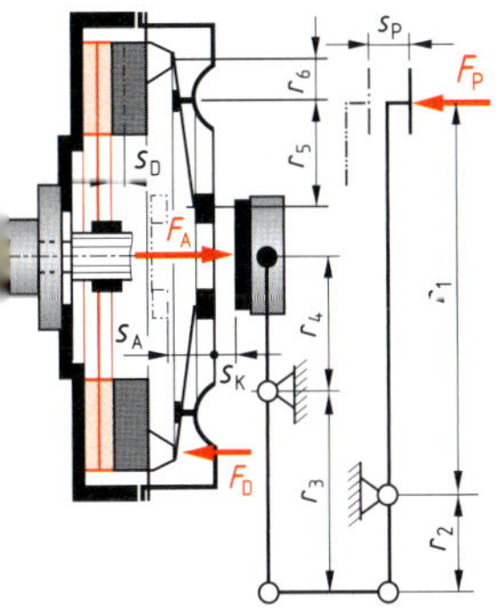

hydraulische Betätigung

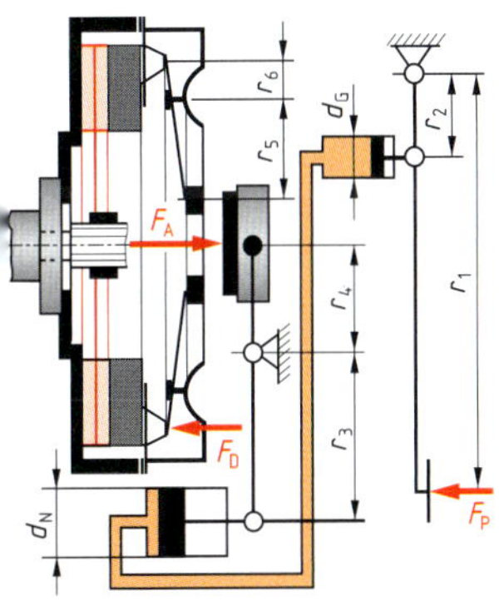

Hinweise:
Bei der hydraulischen Kupplungsbetätigung mit Zentralausrückung entfällt die Übersetzung i_2 an der Ausrückgabel.

Weitere Formeln zur hydraulischen Kraftübertragung vgl. S. 29.

innere Übersetzung

$$i_i = \frac{r_6}{r_5} \qquad i_i = \frac{F_A}{F_D}$$

äußere Übersetzung bei mechanischer Betätigung

$$i_a = i_1 \cdot i_2 \qquad i_1 = \frac{r_2}{r_1} \qquad i_2 = \frac{r_4}{r_3}$$

$$i_a = \frac{r_2 \cdot r_4}{r_1 \cdot r_3} \qquad i_a = \frac{F_P}{F_A}$$

äußere Übersetzung bei hydraulischer Betätigung

$$i_a = i_1 \cdot i_2 \cdot i_{hy}$$

$$i_1 = \frac{r_2}{r_1} \qquad i_{hy} = \frac{d_G^2}{d_N^2} \qquad i_2 = \frac{r_4}{r_3}$$

$$i_a = \frac{r_2 \cdot d_G^2 \cdot r_4}{r_1 \cdot d_N^2 \cdot r_3} \qquad i_a = \frac{F_P}{F_A}$$

Gesamtübersetzung

$$i = i_i \cdot i_a \qquad i = \frac{F_P}{F_D}$$

Pedalkraft / Ausrückkraft

$$F_P = F_A \cdot i_a \qquad F_A = \frac{F_P}{i_a}$$

$$F_P = F_D \cdot i \qquad F_A = F_D \cdot i_i$$

Anpresskraft der Druckplatte

$$F_D = \frac{F_A}{i_i} \qquad F_D = \frac{F_P}{i}$$

$$F_D = \frac{F_R}{\mu_H \cdot z} \qquad F_D = p \cdot A$$

Flächenpressung (Belagpressung)

$$p = \frac{F_D}{A} \qquad p = \frac{4 \cdot F_D}{\pi \cdot (d_a^2 - d_i^2)}$$

Pedalweg / Ausrückweg

$$s_P = \frac{s_A + s_K}{i_a} \qquad s_A = \frac{s_D}{i_i}$$

Größe		Einheit
A	Fläche einer Belagseite	cm^2
d_a	Außendurchmesser	cm
d_i	Innendurchmesser	cm
d_G	Durchmesser des Geberzylinders	mm
d_N	Durchmesser des Nehmerzylinders	mm
F_A	Ausrückkraft am Ausrücklager	N
F_D	Anpresskraft der Druckplatte	N
F_P	Pedalkraft (Fußkraft) am Kupplungspedal	N
F_R	Reibungskraft an den Reibflächen der Kupplungsscheibe	N
i	Gesamtübersetzung der Kupplungsbetätigung	–
i_1	Hebelübersetzung am Kupplungspedal	–
i_2	Hebelübersetzung an der Ausrückgabel	–
i_a	äußere Übersetzung	–
i_i	innere Übersetzung (Hebelübersetzung an der Membranfeder)	–
i_{hy}	hydraulische Übersetzung	–
p	Flächenpressung (Belagpressung)	N/cm^2
r_1, r_2	Hebelarme am Kupplungspedal	mm
r_3, r_4	– an der Ausrückgabel	mm
r_5, r_6	– an der Membranfeder	mm
s_A	Ausrückweg am Ausrücklager	mm
s_D	Lüftweg der Druckplatte	mm
s_K	Kupplungsspiel am Ausrücklager	mm
s_P	Pedalweg	mm
z	Anzahl der Reibflächen (z. B. Einscheibenkupplung $z = 2$)	–
μ_H	Haftreibungszahl zwischen Kupplungsbelag und Druckplatte/Schwungrad	–

Wechselgetriebe

ungleichachsig

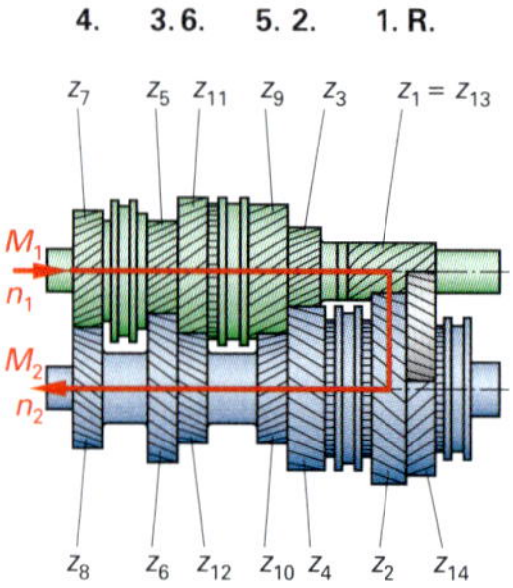

Kraftfluss im 1. Gang

gleichachsig
(5. Gang als direkter Gang ausgelegt)

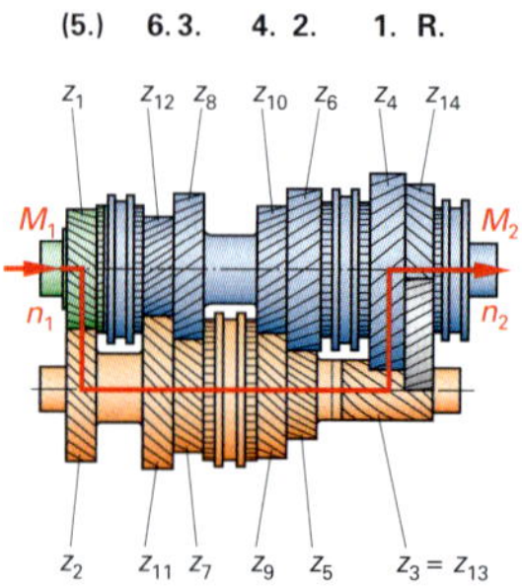

Kraftfluss im 1. Gang

Übersetzung (Grundlagen siehe S. 23, 24)

Beispiel: 5-Gang-Wechselgetriebe

ungleichachsig (= ohne Vorgelege)	gleichachsig (= mit Vorgelege)
1. Gang $i_W = \frac{z_2}{z_1}$	1. Gang $i_W = \frac{z_2 \cdot z_4}{z_1 \cdot z_3}$
2. Gang $i_W = \frac{z_4}{z_3}$	2. Gang $i_W = \frac{z_2 \cdot z_6}{z_1 \cdot z_5}$
3. Gang $i_W = \frac{z_6}{z_5}$	3. Gang $i_W = \frac{z_2 \cdot z_8}{z_1 \cdot z_7}$
4. Gang $i_W = \frac{z_8}{z_7}$	4. Gang $i_W = \frac{z_2 \cdot z_{10}}{z_1 \cdot z_9}$
5. Gang $i_W = \frac{z_{10}}{z_9}$	5. Gang $i_W = 1$
6. Gang $i_W = \frac{z_{12}}{z_{11}}$	6. Gang $i_W = \frac{z_2 \cdot z_{12}}{z_1 \cdot z_{11}}$
R.-Gang $i_W = \frac{z_{14}}{z_{13}}$	R.-Gang $i_W = \frac{z_2 \cdot z_{14}}{z_1 \cdot z_{15}}$
	Beispiel: 5. Gang als direkter Gang ausgelegt.

Drehzahl	Drehmoment
$n_1 = n_2 \cdot i_W$	$M_1 = \frac{M_2}{i_W \cdot \eta}$
$n_2 = \frac{n_1}{i_W}$	$M_2 = M_1 \cdot i_W \cdot \eta$

Wirkungsgrad	Leistung
$\eta = \frac{M_2}{M_1 \cdot i_W}$	$P_1 = \frac{P_2}{\eta}$
$\eta = \frac{P_2}{P_1}$	$P_2 = P_1 \cdot \eta$

Größe		Einheit
i_W	Übersetzung im Wechselgetriebe	–
M_1	Drehmoment am Getriebeeingang – an der Kupplungswelle	Nm
M_2	Drehmoment am Getriebeausgang – an der Hauptwelle	Nm
n_1	Drehzahl am Getriebeeingang – an der Kupplungswelle	1/min
n_2	Drehzahl am Getriebeausgang – an der Hauptwelle	1/min
P_1	Leistung am Getriebeeingang – an der Kupplungswelle	kW
P_2	Leistung am Getriebeausgang – an der Hauptwelle	kW
$z_1, z_3 \ldots z_{13}$	Zähnezahlen, treibende Räder	–
$z_2, z_4 \ldots z_{14}$	–, getriebene Räder	–
η	Getriebewirkungsgrad	–

Getriebewirkungsgrad

nicht direkter Gang	0,90 … 0,94
direkter Gang	0,96 … 0,98

Ist der Wirkungsgrad nicht angegeben, wird für die Rechnung $\eta = 1$ gesetzt.

Einfaches Planetengetriebe

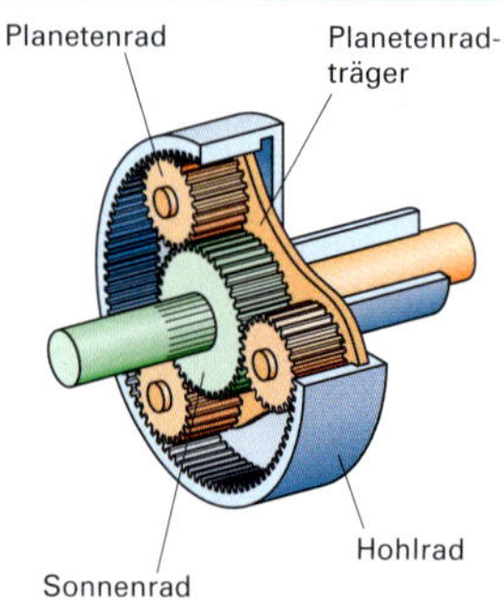

Übersetzung

Gang	1	2	3	R
Sonnenrad	Antrieb	fest	Antrieb	Antrieb
Hohlrad	fest	Antrieb	verbunden / –	Abtrieb
Planetenradträger	Abtrieb	Abtrieb	verbunden / Abtrieb	fest
Übersetzung	$i = 1 + \frac{z_2}{z_1}$	$i = 1 + \frac{z_1}{z_2}$	$i = 1{,}0$	$i = -\frac{z_2}{z_1}$

Größe		Einheit
i	Gesamtübersetzung	–
z_1	Zähnezahl, Sonnenrad	–
z_2	–, Hohlrad	–

Sind zwei Getriebeteile verbunden (Radsatz verblockt), gilt $i = 1$.

Achsgetriebe

Ohne Vorgelege

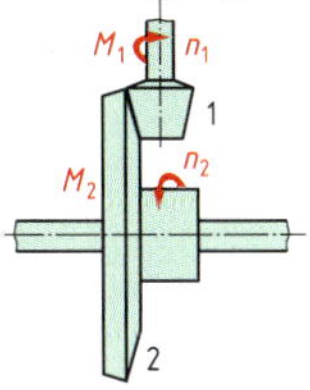

Mit Vorgelege

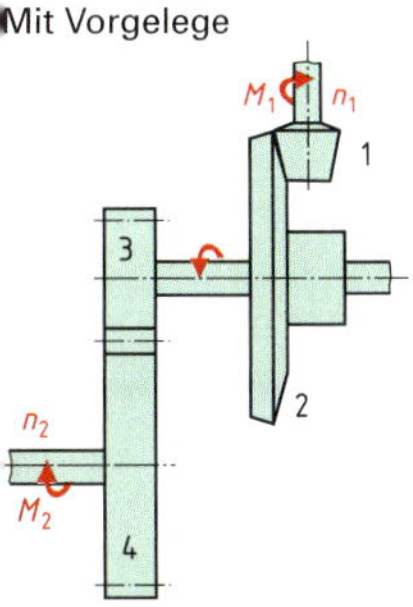

Wirkungsgrad 0,97 … 0,99

Übersetzung

Pkw	2,5 … 5,0
Lkw (ohne Vorgelege)	3,0 … 9,0

Übersetzung

$$i_A = \frac{n_1}{n_2} \qquad i_A = \frac{M_2}{M_1 \cdot \eta}$$

Ohne Vorgelege: $$i_A = \frac{z_2}{z_1}$$

Mit Vorgelege: $$i_A = i_1 \cdot i_2 \qquad i_A = \frac{z_2 \cdot z_4}{z_1 \cdot z_3}$$

Drehzahl

$$n_1 = n_2 \cdot i_A$$

$$n_2 = \frac{n_1}{i_A}$$

Drehmoment

$$M_1 = \frac{M_2}{i_A \cdot \eta}$$

$$M_2 = M_1 \cdot i_A \cdot \eta$$

Wirkungsgrad

$$\eta = \frac{M_2}{M_1 \cdot i_A}$$

$$\eta = \frac{P_2}{P_1}$$

Leistung

$$P_1 = \frac{P_2}{\eta}$$

$$P_2 = P_1 \cdot \eta$$

Größe		Einheit
i_A	Übersetzung im Achsgetriebe	–
i_1, i_2	Einzelübersetzung	–
M_1	Drehmoment am Getriebeeingang – an der Gelenkwelle	Nm
M_2	Drehmoment am Getriebeausgang, – an beiden Achswellen	Nm
n_1	Drehzahl am Getriebeeingang, – der Gelenkwelle	1/min
n_2	Drehzahl am Getriebeausgang, – der Achswellen	1/min
P_1	Leistung am Getriebeeingang, – an der Gelenkwelle	kW
P_2	Leistung am Getriebeausgang, – an beiden Achswellen	kW
z_1, z_3	Zähnezahlen, treibende Räder	–
z_2, z_4	–, getriebene Räder	–
η	Wirkungsgrad des Achsantriebs	–

Ist der Wirkungsgrad nicht angegeben, wird für die Rechnung $\eta = 1$ gesetzt.

Ausgleichgetriebe

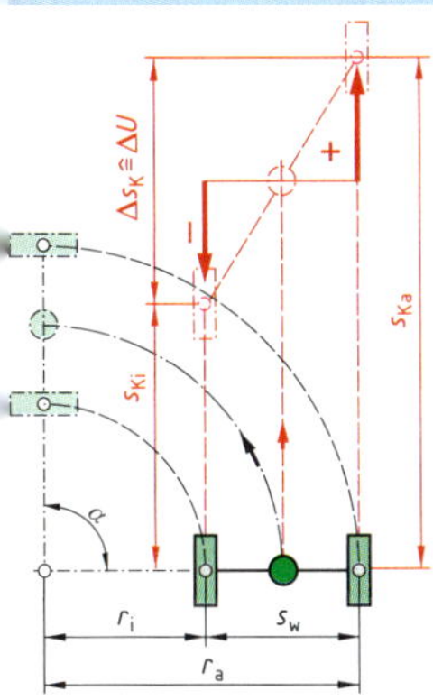

Kurvenlänge

$$s_{Ka} = \frac{2 \cdot \pi \cdot r_a \cdot \alpha}{360°}$$

$$s_{Ki} = \frac{2 \cdot \pi \cdot r_i \cdot \alpha}{360°}$$

Umdrehungen

$$u_a = \frac{r_a \cdot \alpha}{360° \cdot r_{dyn}}$$

$$u_i = \frac{r_i \cdot \alpha}{360° \cdot r_{dyn}}$$

Wegunterschied

$$\Delta s_K = s_{Ka} - s_{Ki} \qquad \Delta s_K = \Delta u \cdot U_R$$

$$\Delta s_K = \frac{2\pi \cdot (r_a - r_i) \cdot \alpha}{360°} \qquad \Delta s_K = \frac{2 \cdot \pi \cdot s_w \cdot \alpha}{360°}$$

Umdrehungsunterschied

$$\Delta u = \frac{s_w \cdot \alpha}{360° \cdot r_{dyn}} \qquad \Delta u = \frac{(r_a - r_i) \cdot \alpha}{360° \cdot r_{dyn}}$$

$$\Delta u = u_a - u_i \qquad \Delta u = \frac{\Delta s_K}{U_R}$$

Größe		Einheit
r_a	Spurkreisradius (-halbmesser), äußerer	m
r_i	–, innerer	m
r_{dyn}	Reifenradius (-halbmesser), dynamischer	m
s_{Ka}	Weglänge des Außenrades bei Kurvenfahrt	m
s_{Ki}	– des Innenrades bei Kurvenfahrt	m
Δs_K	Wegunterschied zwischen Außen- und Innenrad bei Kurvenfahrt	m
s_w	Spurweite ($s_w = r_a - r_i$)	m
u_a	Umdrehungen des Außenrades	Umdr.
u_i	– des Innenrades	Umdr.
Δu	Umdrehungsunterschied zwischen Außenrad und Innenrad	Umdr.
U_R	Abrollumfang des Reifens	m
α	Kurvenwinkel	°

Drehmomentverteilung

Ohne Ausgleichssperre

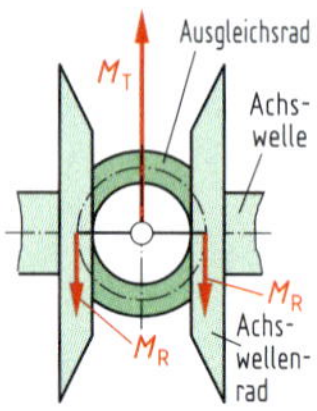

Gleiches Moment an beiden Antriebsrädern. Die Reibungszahl am durchrutschenden Rad bestimmt das maximale Moment.

Mit Ausgleichssperre

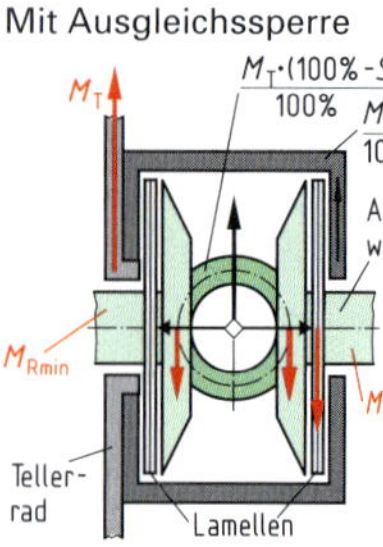

Es sind unterschiedliche Momente an den Antriebsrädern möglich.

Drehmoment ohne Ausgleichssperre

$$M_R = \frac{M_T}{2} \qquad M_T = 2 \cdot M_R = M_A$$

Beidseitig gute Bodenhaftung:

$$M_{A\,max} = F_A \cdot \mu_H \cdot r_{dyn}$$

Einseitig schlechte Bodenhaftung:

$$M_{A\,max} = F_A \cdot \mu_G \cdot r_{dyn}$$

Drehmoment mit Ausgleichssperre

$$M_{R\,max} = M_T \cdot \frac{100\,\% + S}{200\,\%}$$

$$M_{R\,min} = M_T \cdot \frac{100\,\% - S}{200\,\%}$$

$$M_{R\,max} = M_{R\,min} \cdot \frac{100\,\% + S}{100\,\% - S}$$

$$M_{R\,min} = M_{R\,max} \cdot \frac{100\,\% - S}{100\,\% + S}$$

Sperrwert

$$S = \frac{\Delta M_R}{\Sigma M_R} \cdot 100\,\%$$

$$S = \frac{M_{R\,max} - M_{R\,min}}{M_{R\,max} + M_{R\,min}} \cdot 100\,\%$$

$$\Delta M_R = M_{R\,max} - M_{R\,min}$$

$$\Sigma M_R = M_{R\,max} + M_{R\,min}$$

Größe		Einheit
F_A	Achskraft der Antriebsachse	N
M_A	Drehmoment an beiden Rädern	Nm
$M_{A\,max}$	–, größtes	Nm
M_R	Drehmoment an einem Rad	Nm
$M_{R\,max}$	–, größtes	Nm
$M_{R\,min}$	–, kleinstes	Nm
M_T	Drehmoment am Tellerrad	Nm
ΔM_R	Drehmomentunterschied an den Antriebsrädern	Nm
ΣM_R	Drehmomentsumme an den Antriebsrädern	Nm
r_{dyn}	Reifenradius (-halbmesser), dynamischer	m
S	Sperrwert	%
μ_G	Gleitreibungszahl zwischen Fahrbahn und Reifen	–
μ_H	Haftreibungszahl zwischen Fahrbahn und Reifen	–

Der Sperrwert S gibt an, wie viel Drehmomentunterschied in % zwischen den beiden Antriebswellen möglich ist.

Gesamtübersetzung

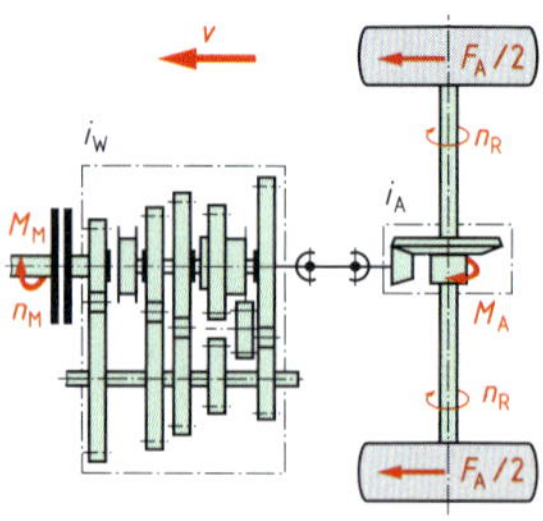

– aus Einzelübersetzung – aus Drehzahl

$$i = i_W \cdot i_A \qquad i = \frac{n_M}{n_R}$$

– aus Geschwindigkeit

$$i = \frac{60 \cdot U_R \cdot n_M}{1000 \cdot v} \qquad i = \frac{120 \cdot \pi \cdot r_{dyn} \cdot n_M}{1000 \cdot v}$$

– aus Drehmoment

$$i = \frac{M_A}{M_M \cdot \eta} \qquad i = \frac{F_A \cdot U_R}{2 \cdot \pi \cdot M_M \cdot \eta}$$

$$i = \frac{F_A \cdot r_{dyn}}{M_M \cdot \eta}$$

Größe		Einheit
F_A	Zugkraft an den Antriebsrädern	N
i	Gesamtübersetzung des Antriebsstrangs	–
i_A	Übersetzung im Achsgetriebe	–
i_W	Übersetzung im Wechselgetriebe	–
M_M	Drehmoment des Motors	Nm
M_A	– an beiden Antriebsrädern	Nm
n_M	Drehzahl des Motors	1/min
n_R	– der Antriebsräder	1/min
r_{dyn}	Reifenradius (-halbmesser), dynamischer	m
U_R	Abrollumfang des Reifens	m
v	Fahrgeschwindigkeit	km/h
η	Gesamtwirkungsgrad des Antriebsstrangs	–

Drehzahl

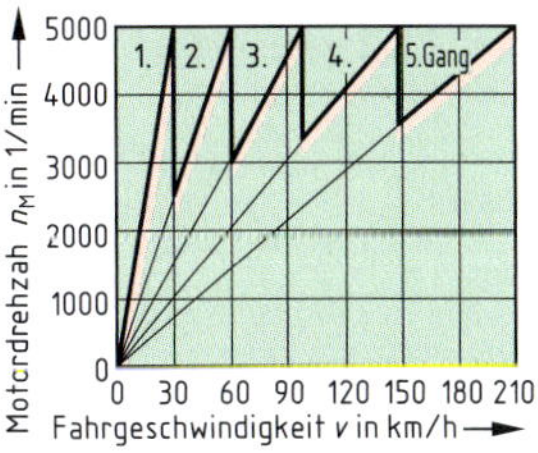

– aus der Übersetzung

$$n_M = n_R \cdot i \qquad n_R = \frac{n_M}{i}$$

– aus der Fahrgeschwindigkeit

$$n_M = \frac{1000 \cdot v \cdot i}{60 \cdot U_R} \qquad n_R = \frac{1000 \cdot v}{60 \cdot U_R}$$

$$n_M = \frac{1000 \cdot v \cdot i}{120 \cdot \pi \cdot r_{dyn}} \qquad n_R = \frac{1000 \cdot v}{120 \cdot \pi \cdot r_{dyn}}$$

Größe		Einheit
i	Gesamtübersetzung	–
n_M	Drehzahl des Motors	1/min
n_R	– der Antriebsräder	1/min
r_{dyn}	Reifenradius (-halbmesser), dynamischer	m
U_R	Abrollumfang des Reifens	m
v	Fahrgeschwindigkeit	km/h

Fahrgeschwindigkeit

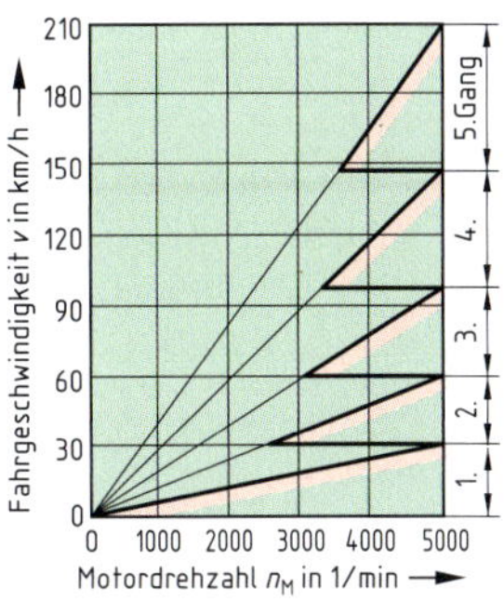

– aus der Motordrehzahl

$$v = \frac{60 \cdot U_R \cdot n_M}{1000 \cdot i}$$

$$v = \frac{120 \cdot \pi \cdot r_{dyn} \cdot n_M}{1000 \cdot i}$$

– aus der Raddrehzahl

$$v = \frac{60 \cdot U_R \cdot n_R}{1000} \qquad v = \frac{120 \cdot \pi \cdot r_{dyn} \cdot n_R}{1000}$$

Reifenabmessungen

$$U_R = \frac{1000 \cdot v \cdot i}{60 \cdot n_M} \qquad U_R = \frac{1000 \cdot v}{60 \cdot n_R}$$

$$r_{dyn} = \frac{1000 \cdot v \cdot i}{120 \cdot \pi \cdot n_M} \qquad r_{dyn} = \frac{1000 \cdot v}{120 \cdot \pi \cdot n_R}$$

Größe		Einheit
i	Gesamtübersetzung	–
n_M	Drehzahl des Motors	1/min
n_R	– der Antriebsräder	1/min
r_{dyn}	Reifenradius (-halbmesser), dynamischer	m
U_R	Abrollumfang des Reifens	m
v	Fahrgeschwindigkeit	km/h

Drehmoment, Zugkraft

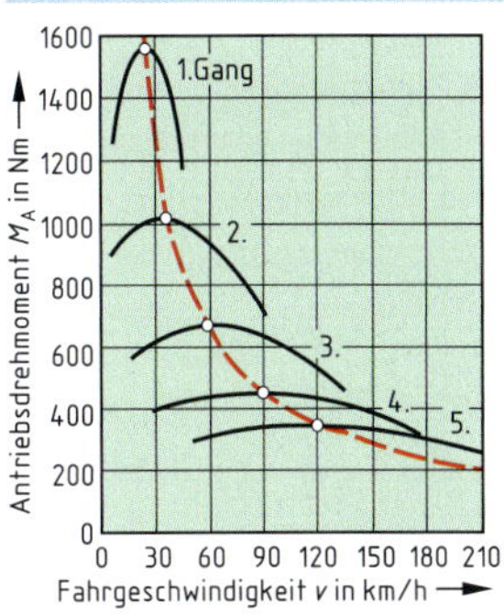

Antriebsdrehmoment

$$M_A = M_M \cdot i \cdot \eta$$

$$M_A = F_A \cdot r_{dyn}$$

$$M_A = \frac{F_A \cdot U_R}{2 \cdot \pi}$$

Motordrehmoment

$$M_M = \frac{M_A}{i \cdot \eta}$$

$$M_M = \frac{F_A \cdot r_{dyn}}{i \cdot \eta}$$

$$M_M = \frac{F_A \cdot U_R}{2 \cdot \pi \cdot i \cdot \eta}$$

Übersetzung

$$i = \frac{M_A}{M_M \cdot \eta} \qquad i = \frac{F_A \cdot r_{dyn}}{M_M \cdot \eta}$$

Zugkraft

$$F_A = \frac{M_A}{r_{dyn}}$$

$$F_A = \frac{2 \cdot \pi \cdot M_A}{U_R}$$

$$F_A = \frac{M_M \cdot i \cdot \eta}{r_{dyn}}$$

Wirkungsgrad

$$\eta = \frac{M_A}{M_M \cdot i}$$

$$\eta = \eta_1 \cdot \eta_2 \cdot \eta_3 \cdot \ldots$$

Größe		Einheit
F_A	Zugkraft an den Antriebsrädern	N
i	Gesamtübersetzung des Antriebsstrangs	–
M_M	Drehmoment des Motors	Nm
M_A	– an beiden Antriebsrädern	Nm
r_{dyn}	Reifenradius (-halbmesser), dynamischer	m
U_R	Abrollumfang des Reifens	m
η	Gesamtwirkungsgrad des Antriebsstrangs	–
$\eta_{1,2,3,\ldots}$	Einzelwirkungsgrade	–

Wirkungsgrade (Richtwerte)

Gesamtwirkungsgrad (ohne Rad-/Reifenverluste)	0,88 … 0,96
Einzelwirkungsgrade	
– Kupplung (trocken)	0,995
– Wechselgetriebe	0,92 … 0,98
– Gelenkwelle	0,995
– Achsgetriebe	0,97 … 0,99

Nicht angegebene Einzelwirkungsgrade bleiben bei der Berechnung unberücksichtigt.

Achslasten

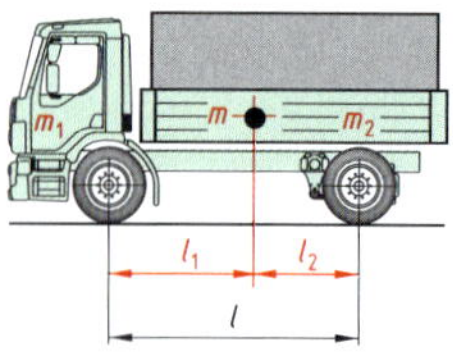

Vorderachse

$$m_1 = \frac{m \cdot l_2}{l}$$

$$m_1 = \frac{m \cdot p_1}{100\,\%}$$

$$m_1 = m - m_2$$

Hinterachse

$$m_2 = \frac{m \cdot l_1}{l}$$

$$m_2 = \frac{m \cdot p_2}{100\,\%}$$

$$m_2 = m - m_1$$

Nutzlastverteilung

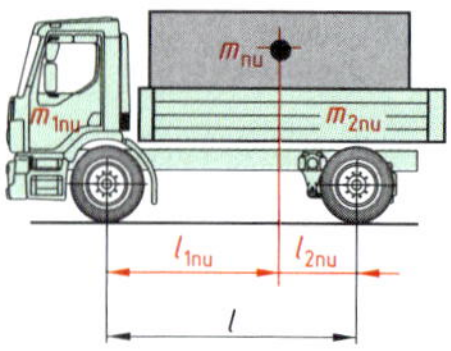

$$m_{1nu} = \frac{m_{nu} \cdot l_{2nu}}{l} \qquad m_{2nu} = \frac{m_{nu} \cdot l_{1nu}}{l}$$

$$m_{1nu} = m_{nu} - m_{2nu} \qquad m_{2nu} = m_{nu} - m_{1nu}$$

Überladung

$$m_{1üb} = \frac{m_{1zul} \cdot p_{1üb}}{100\,\%} \qquad m_{2üb} = \frac{m_{2zul} \cdot p_{2üb}}{100\,\%}$$

$$p_{1üb} = \frac{100\,\% \cdot m_{1üb}}{m_{1zul}} \qquad p_{2üb} = \frac{100\,\% \cdot m_{2üb}}{m_{2zul}}$$

Größe		Einheit
l	Radstand des Fahrzeugs	mm
l_1, l_2	Schwerpunktabstände der Gesamtmasse von den Achsen	mm
l_{1nu}, l_{2nu}	– der Nutzlast von den Achsen	mm
m	Gesamtmasse des Fahrzeugs	kg
m_{nu}	Nutzlast des Fahrzeugs	kg
m_1, m_2	Achslasten aus der Gesamtmasse	kg
m_{1nu}, m_{2nu}	– aus der Nutzlast	kg
$m_{1üb}$, $m_{2üb}$	– aus der Überlast	kg
m_{1zul}	zulässige Achslast vorne	kg
m_{2zul}	zulässige Achslast hinten	kg
p_1, p_2	Achslastanteile der Gesamtmasse	%
$p_{1üb}$, $p_{2üb}$	der Überlast	%

Schwerpunktsabstände

– der Gesamtmasse

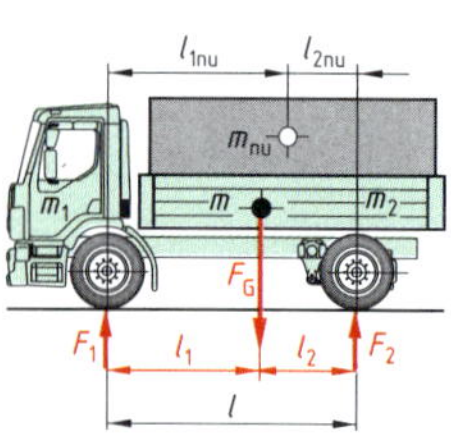

Vorderachse

$$l_1 = \frac{l \cdot m_2}{m}$$

$$l_1 = \frac{l \cdot F_2}{F_G}$$

$$l_1 = l - l_2$$

Hinterachse

$$l_2 = \frac{l \cdot m_1}{m}$$

$$l_2 = \frac{l \cdot F_1}{F_G}$$

$$l_2 = l - l_1$$

– der Nutzlast

$$l_{1nu} = \frac{l \cdot m_{2nu}}{m_{nu}} \qquad l_{2nu} = \frac{l \cdot m_{1nu}}{m_{nu}}$$

$$m_{1nu} = m_{1zul} - m_{1le} \qquad m_{2nu} = m_{2zul} - m_{2le}$$

Größe		Einheit
F_G	Gewichtskraft des Fahrzeugs	N
F_1	Achskraft der Vorderachse	N
F_2	– der Hinterachse	N
l	Radstand des Fahrzeugs	mm
l_1, l_2	Schwerpunktabstände der Gesamtmasse von den Achsen	mm
l_{1nu}, l_{2nu}	– der Nutzlast von den Achsen	mm
m	Gesamtmasse des Fahrzeugs	kg
m_{nu}	Nutzlast des Fahrzeugs	kg
m_1, m_2	Achslasten aus der Gesamtmasse	kg
m_{1le}, m_{2le}	– aus der Leermasse	kg
m_{1nu}, m_{2nu}	– aus der Nutzlast	kg

Achskräfte im Stand

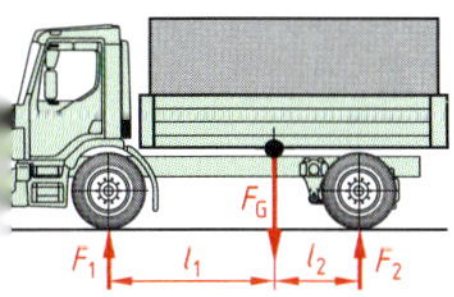

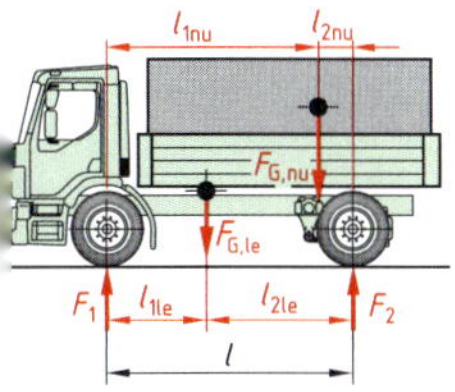

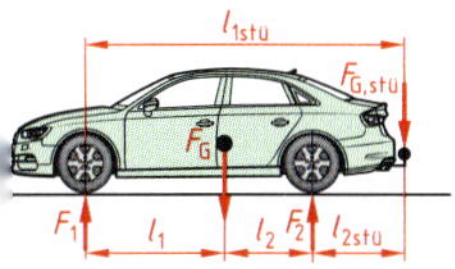

Achskräfte aus der Gesamtmasse

Vorderachse

$$F_1 = \frac{F_G \cdot l_2}{l}$$

$$F_1 = m_1 \cdot g$$

$$F_1 = F_G - F_2$$

Hinterachse

$$F_2 = \frac{F_G \cdot l_1}{l}$$

$$F_2 = m_2 \cdot g$$

$$F_2 = F_G - F_1$$

– aus Leermasse und Nutzlast

Vorderachse

$$F_1 = \frac{(F_G \cdot l_2)_{le} + (F_G \cdot l_2)_{nu}}{l}$$

$$F_1 = F_{G,\,le} + F_{G,\,nu} - F_2$$

Hinterachse

$$F_2 = \frac{(F_G \cdot l_1)_{le} + (F_G \cdot l_1)_{nu}}{l}$$

$$F_2 = F_{G,\,le} + F_{G,\,nu} - F_1$$

$$F_{G,\,le} = m_{le} \cdot g \qquad F_{G,\,nu} = m_{nu} \cdot g$$

– aus Fahrzeugmasse und Stützlast

Vorderachse

$$F_1 = \frac{F_G \cdot l_2 - (F_G \cdot l_2)_{stü}}{l}$$

$$F_1 = F_G + F_{G,\,stü} - F_2$$

Hinterachse

$$F_2 = \frac{F_G \cdot l_1 + (F_G \cdot l_1)_{stü}}{l}$$

$$F_2 = F_G + F_{G,\,stü} - F_1$$

Größe		Einheit
F_G	Gewichtskraft des Fahrzeugs	N
$F_{G,\,le}$	– der Leermasse	N
$F_{G,\,nu}$	– der Nutzlast	N
$F_{G,\,stü}$	– der Anhänger-Stützlast	N
F_1	Achskraft der Vorderachse	N
F_2	– der Hinterachse	N
g	Fallbeschleunigung	9,81 m/s^2
l	Radstand des Fahrzeugs	mm
l_1, l_2	Schwerpunktabstände der Gesamtmasse von den Achsen	mm
l_{1le}, l_{2le}	– der Leermasse von den Achsen	mm
l_{1nu}, l_{2nu}	– der Nutzlast von den Achsen	mm
$l_{1stü}$, $l_{2stü}$	– der Stützlast von den Achsen	mm
m	Gesamtmasse des Fahrzeugs	kg
m_{le}	Leermasse des Fahrzeugs	kg
m_{nu}	Nutzlast des Fahrzeugs	kg
m_1	Achslast der Vorderachse	kg
m_2	– der Hinterachse	kg

Achskräfte beim Bremsen

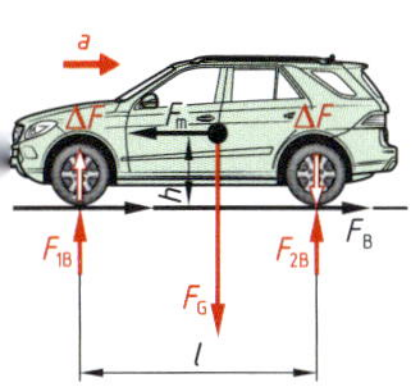

Vorderachse

$$F_{1B} = F_1 + \Delta F$$

$$F_{1B} = F_G - F_{2B}$$

Hinterachse

$$F_{2B} = F_2 - \Delta F$$

$$F_{2B} = F_G - F_{1B}$$

Achskraftverlagerung

$$\Delta F = \frac{m \cdot a \cdot h}{l}$$

$$\Delta F = \frac{F_B \cdot h}{l}$$

Größe		Einheit
a	Mittlere Bremsverzögerung	m/s^2
F_B	Bremskraft des Fahrzeugs	N
F_1, F_2	Achskräfte im Stand	N
F_{1B}, F_{2B}	– beim Bremsen	N
F_G	Gewichtskraft des Fahrzeugs	N
F_m	Massenträgheitskraft	N
ΔF	Achskraftverlagerung	N
h	Schwerpunkthöhe über der Fahrbahn	mm
l	Radstand des Fahrzeugs	mm
m	Gesamtmasse des Fahrzeugs	kg

Radstellung

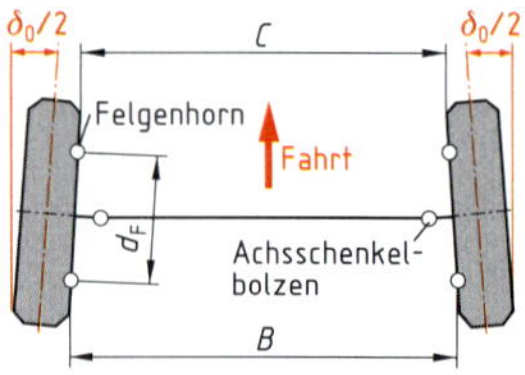

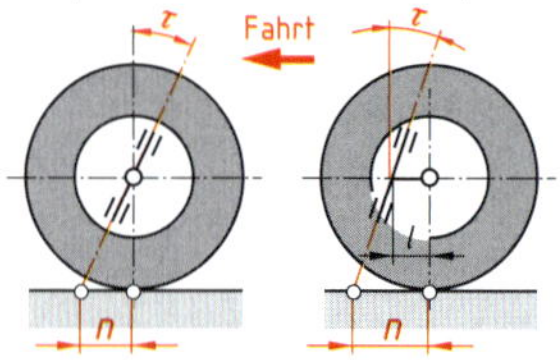

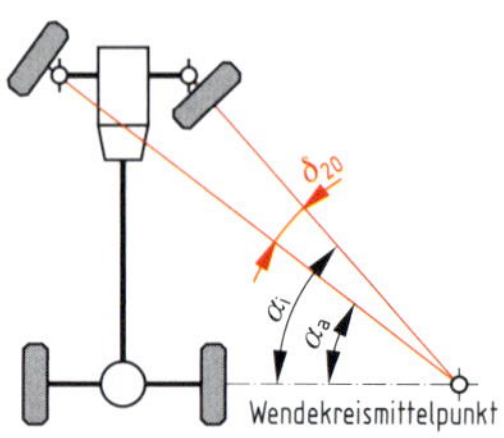

Vorspurwinkel

$$\delta_0 = \frac{360° \cdot c}{2 \cdot \pi \cdot d_F}$$

$$\sin \delta_0 = \frac{c}{d_F}$$

Vorspur

$$c = B - C$$

$$c = \frac{2 \cdot \pi \cdot d_F \cdot \delta_0}{360°}$$

Nachlaufwinkel

Mit $\Delta\gamma$ in ':

$$\tau = \frac{\Delta\gamma}{40}$$

Mit $\Delta\gamma$ in °:

$$\tau = 1{,}5 \cdot \Delta\gamma$$

Nachlaufstrecke

Ohne Versatz:

$$n = r_{sta} \cdot \tan \tau$$

Mit Versatz:

$$n = r_{sta} \cdot \tan \tau \pm l$$

Spurdifferenzwinkel

$$\delta_{20} = \alpha_a - \alpha_i$$

Lenkwinkel

$$\alpha_a = \alpha_i + \delta_{20} \qquad \alpha_i = \alpha_a - \delta_{20}$$

Größe		Einheit
B	Felgenhornabstand, hinter der Achse	mm
C	–, vor der Achse	mm
c	Vorspur, positive (+)	mm
	–, negative (–)	mm
d_F	Felgenhorndurchmesser	mm
l	Nachlaufversatz, vor der Achse (+), hinter der Achse (–)	mm
n	Nachlaufstrecke	mm
r_{sta}	Reifenradius (-halbmesser), statischer	mm
α_a	Lenkwinkel, kurvenäußeres Rad	°
α_i	–, kurveninneres Rad	°
$\Delta\gamma$	Sturzdifferenz bei 20°-Links- und 20°-Rechtseinschlag	° bzw. '
δ_0	Vorspurwinkel bei 0°-Einschlag	°
δ_{20}	Spurdifferenzwinkel	°
τ	Nachlaufwinkel	°

Lenkgetriebe

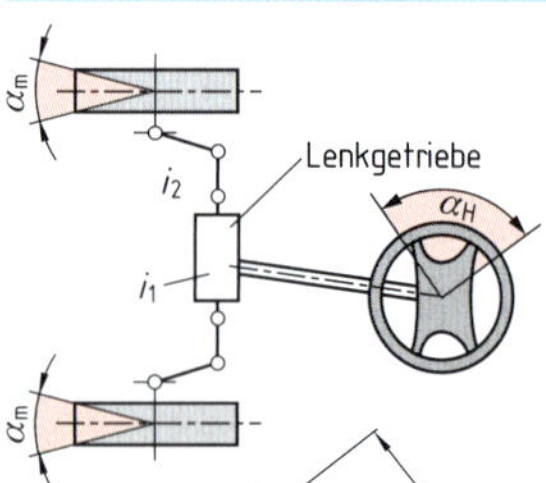

Kugelumlauf-
lenkgetriebe

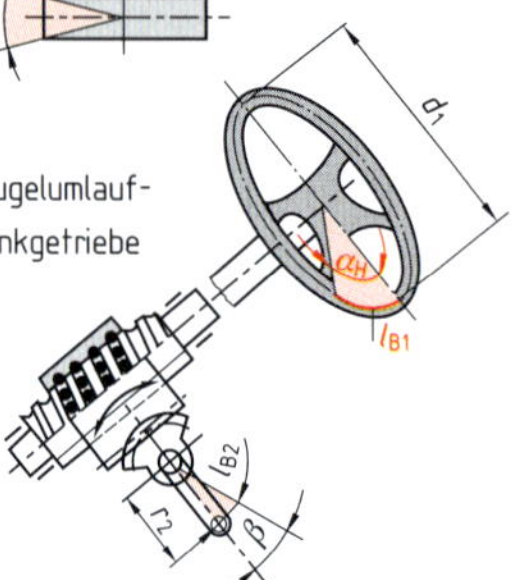

Zahnstangen-
lenkgetriebe

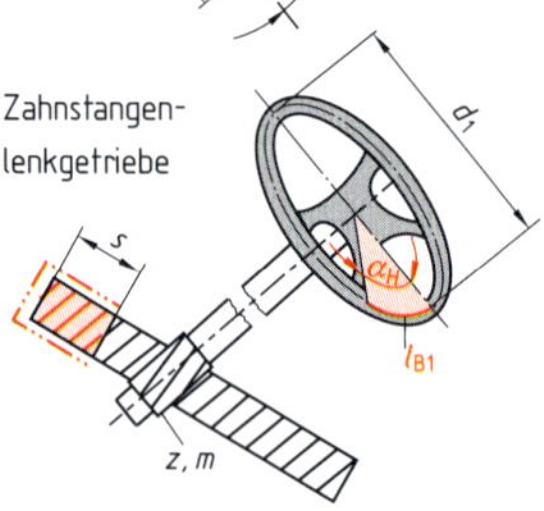

Übersetzung

$$i_L = \frac{\alpha_H}{\alpha_m}$$

$$i_L = i_1 \cdot i_2$$

Lenkwinkel

$$\alpha_m = \frac{\alpha_H}{i_L}$$

$$\alpha_H = i_L \cdot \alpha_m$$

Kugelumlauflenkung

$$i_1 = \frac{l_{B1} \cdot 2 \cdot r_2}{l_{B2} \cdot d_1} \qquad \alpha_H = 360° \cdot n$$

$$i_1 = \frac{\alpha_H}{\beta} \qquad \beta = \frac{360° \cdot l_{B2}}{\pi \cdot 2 \cdot r_2}$$

Zahnstangenlenkung

$$i_1 = \frac{l_{B1}}{s} \qquad s = \frac{l_{B1}}{i_1}$$

$$i_1 = \frac{d_1}{m \cdot z} \qquad l_{B1} = \frac{\pi \cdot d_1 \cdot \alpha_H}{360°}$$

Größe		Einheit
d_1	Lenkraddurchmesser	mm
i_L	Gesamtübersetzung der Lenkung	–
i_1	Teilübersetzung im Lenkgetriebe	–
i_2	– im Lenkgestänge	–
l_{B1}	Lenkradeinschlag	mm
l_{B2}	Lenkstockhebeleinschlag	mm
m	Modul des Lenkritzels	mm
n	Anzahl der Umdrehungen am Lenkrad	–
r_2	Lenkstockhebellänge	mm
s	Zahnstangenweg	mm
z	Zähnezahl des Lenkritzels	–
α_H	Drehwinkel des Lenkrades	°
α_m	mittl. Lenkwinkel der Räder	°
β	Drehwinkel des Lenkstockhebels	°

Die Teilübersetzung i_2 im Lenkgestänge kann vernachlässigt werden, da die wirksamen Hebelarme meist die gleiche Länge haben.

Lenkübersetzungen

Pkw	10 ... 20
Lkw	16 ... 35

Schraubenfeder

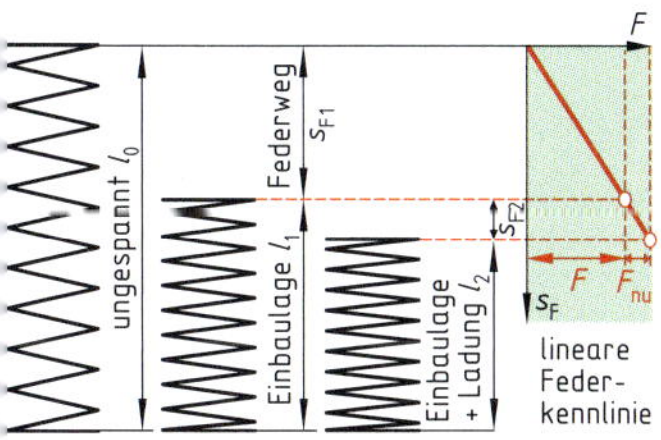

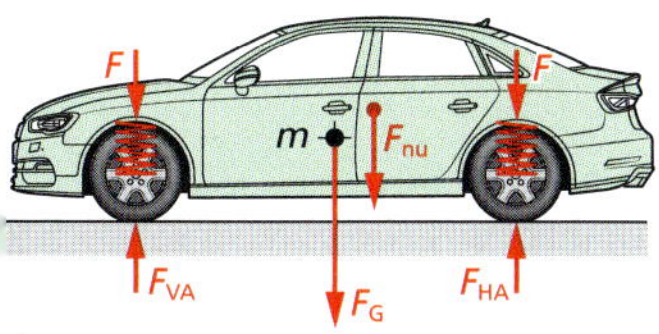

Federrate

$$c = \frac{F}{s_F}$$

$$c = \frac{2 \cdot E_{sp}}{s_F^2}$$

Federkraft

$$F = c \cdot s_F$$

$$F = \frac{2 \cdot E_{sp}}{s_F}$$

Federweg

$$s_F = \frac{F}{c}$$

$$s_F = \sqrt{\frac{2 \cdot E_{sp}}{c}}$$

Federlänge

$$l_1 = l_0 - s_F$$

$$l_0 = l_1 + s_F$$

Spannungsenergie

$$E_{sp} = \frac{F \cdot s_F}{2}$$

$$E_{sp} = \frac{c \cdot s_F^2}{2}$$

Größe		Einheit
c	Federrate	N/mm
E_{sp}	Spannungsenergie	J
F	Federkraft	N
F_{nu}	Kraft durch Nutzlast	N
l_0	Federlänge ungespannt (ausgebaut)	mm
l_1	–, gespannt (Einbaulage, unbeladen)	mm
l_2	–, gespannt (Einbaulage + Ladung)	mm
s_{F1}	Federweg Fahrzeugmasse pro Feder	mm
s_{F2}	Federweg Nutzlast	mm

Gasfeder

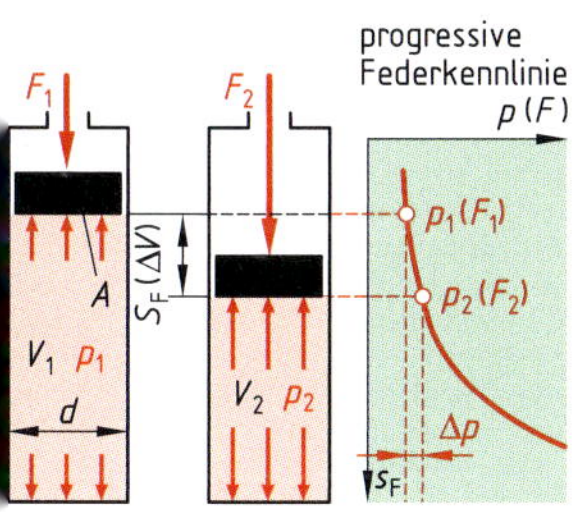

Arbeitsdruck

$$p_1 = \frac{F_1}{A}$$

$$p_2 = \frac{F_2}{A}$$

$$p_1 = \frac{4 \cdot F_1}{\pi \cdot d^2}$$

Federkraft

$$F_1 = p_1 \cdot A$$

$$F_2 = p_2 \cdot A$$

$$F_1 = p_1 \cdot \frac{\pi \cdot d^2}{4}$$

Durchmesser

$$d = \sqrt{\frac{4 \cdot F_1}{\pi \cdot p_1}}$$

Federweg

$$s_F = \frac{4 \cdot (V_1 - V_2)}{\pi \cdot d^2}$$

$$s_F = \frac{\Delta V}{A}$$

Volumen

$$V_1 = \frac{V_2 \cdot p_2}{p_1}$$

$$V_2 = \frac{V_1 \cdot p_1}{p_2}$$

Volumenänderung

$$\Delta V = V_1 - V_2$$

Größe		Einheit
A	Kolbenfläche	cm^2
d	wirksamer Durchmesser	mm
F_1	Federkraft Fahrzeug nicht beladen	N
F_2	Federkraft Fahrzeug beladen	N
p_1	Arbeitsdruck Fahrzeug nicht beladen	bar, Pa
p_2	–, Fzg. beladen	bar, Pa
s_F	Federweg	mm
V_1	Luftkammervolumen Fzg. nicht beladen	cm^3
V_2	–, Fzg. beladen	cm^3
ΔV	Volumenänderung	cm^3

Hydropneumatische Feder

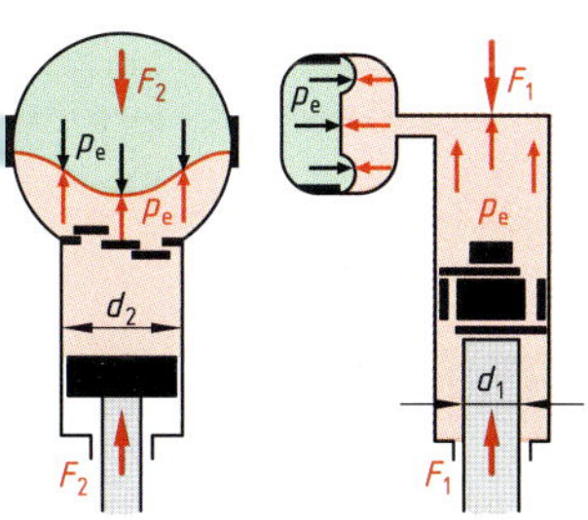

Arbeitsdruck

$$p_e = \frac{4 \cdot F_1}{\pi \cdot d_1^2}$$

$$p_e = \frac{4 \cdot F_2}{\pi \cdot d_2^2}$$

Federkraft

$$F_1 = p_e \cdot \frac{\pi \cdot d_1^2}{4}$$

$$F_2 = p_e \cdot \frac{\pi \cdot d_2^2}{4}$$

Durchmesser

$$d_1 = \sqrt{\frac{4 \cdot F_1}{\pi \cdot p_e}}$$

$$d_2 = \sqrt{\frac{4 \cdot F_2}{\pi \cdot p_e}}$$

Volumenänderung

$$\Delta V = \frac{\pi \cdot d_1^2}{4} \cdot s_F$$

$$\Delta V = \frac{\pi \cdot d_2^2}{4} \cdot s_F$$

Größe		Einheit
d_1	Kolbenstangendurchmesser	cm
d_2	Kolbendurchmesser	cm
F_1, F_2	Federkräfte, Kolbenstangenaustrittskräfte	N
p_e	Arbeitsdruck (Flüssigkeits- und Gasdruck)	N/cm^2
s_F	Federweg	cm
ΔV	Volumenänderung der Flüssigkeit bzw. des Gases beim Ein- oder Ausfedern	cm^3

Reifen

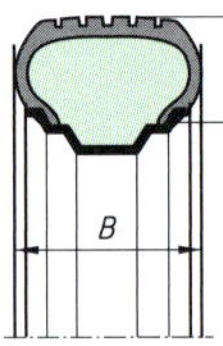

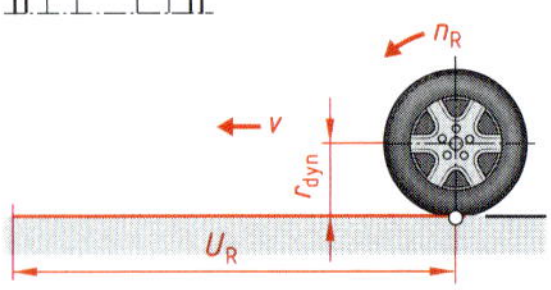

Abrollumfang

$$U_R = 2 \cdot \pi \cdot r_{dyn}$$

Querschnittsverhältnis

$$Q = \frac{H}{B} \cdot 100\,\% \qquad H = \frac{B \cdot Q}{100\,\%}$$

Abrollweg

$$s_R = \frac{U_R \cdot n_R \cdot t}{60} \qquad s_R = \frac{2 \cdot \pi \cdot r_{dyn} \cdot n_R \cdot t}{60}$$

Abroll-, Fahrgeschwindigkeit

$$v = \frac{60 \cdot U_R \cdot n_R}{1000} \qquad v = \frac{120 \cdot \pi \cdot r_{dyn} \cdot n_R}{1000}$$

Größe		Einheit
B	Reifenbreite	mm
H	Reifenhöhe	mm
n_R	Raddrehzahl	1/min
Q	Querschnittsverhältnis	%
r_{dyn}	Reifenradius (-halbmesser), dynamischer	m
s_R	Abrollweg	m
t	Abrollzeit	s
U_R	Abrollumfang	m
v	Abrollgeschwindigkeit, Fahrgeschwindigkeit	km/h

Bremskraft

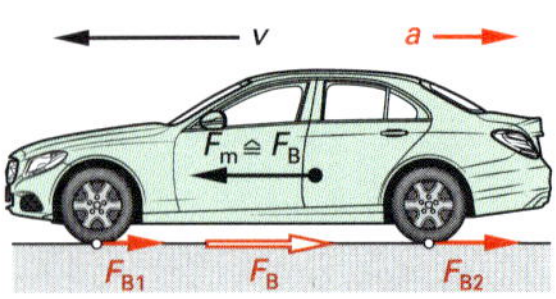

– aus Trägheitskraft

$$F_B = m \cdot a$$

– aus Bewegungsenergie

$$F_B = \frac{m \cdot v^2}{2 \cdot s}$$

– aus der Bremskraft an den Rädern

$$F_B = F_{B1} + F_{B2} \qquad F_B = \Sigma F_{BR}$$

– aus der Abbremsung

$$F_B = \frac{m \cdot g \cdot z}{100\,\%} \qquad F_B = \frac{F_G \cdot z}{100\,\%}$$

Größte Bremskraft

Räder drehen

$$F_{Bmax} = m \cdot g \cdot \mu_H$$

Räder blockieren

$$F_{Bmax} = m \cdot g \cdot \mu_G$$

Bremskraftverteilung

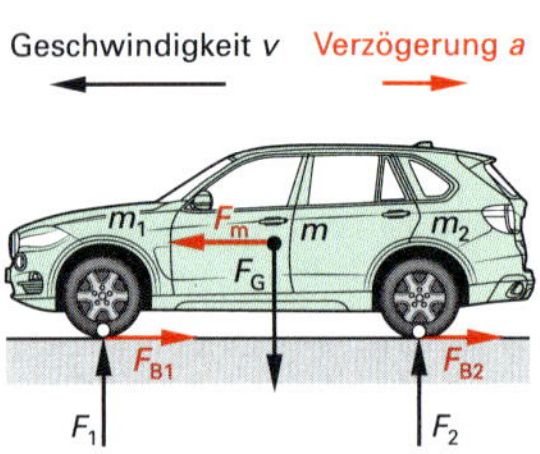

Feste Regelung

$$F_{B1} = \frac{F_B \cdot p_1}{100\,\%} \qquad F_{B1} = F_B - F_{B2}$$

$$F_{B2} = \frac{F_B \cdot p_2}{100\,\%} \qquad F_{B2} = F_B - F_{B1}$$

Lastabhängige Regelung

$$F_{B1} = \frac{F_B \cdot (m_1 + \Delta m)}{m} = \frac{F_B \cdot (F_1 + \Delta F)}{F_G}$$

$$F_{B2} = \frac{F_B \cdot (m_2 - \Delta m)}{m} = \frac{F_B \cdot (F_2 - \Delta F)}{F_G}$$

Schlupfabhängige Regelung

$$F_{B1} = (m_1 + \Delta m) \cdot g \cdot \mu_H$$
$$F_{B1} = (F_1 + \Delta F) \cdot \mu_H$$
$$F_{B2} = (m_2 - \Delta m) \cdot g \cdot \mu_H$$
$$F_{B2} = (F_2 - \Delta F) \cdot \mu_H$$

Größe		Einheit
a	Bremsverzögerung, mittlere	m/s²
F_B	Bremskraft des Fahrzeugs	N
F_{BR}	– an einem Rad	N
F_{B1}	– an der Vorderachse	N
F_{B2}	– an der Hinterachse	N
F_G	Gewichtskraft des Fahrzeugs	N
F_m	Massenträgheitskraft	N
F_1	Achskraft der Vorderachse, statische	N
F_2	– der Hinterachse, statische	N
g	Fallbeschleunigung	9,81 m/s²
m	Fahrzeugmasse	kg
m_1	Achslast der Vorderachse, statische	kg
m_2	– der Hinterachse, statische	kg
p_1	Bremskraftanteile, Vorderachse	%
p_2	–, Hinterachse	%
s	Bremsweg bis zum Stillstand	m
v	Geschwindigkeit des Fahrzeugs vor dem Bremsen	m/s
z	Abbremsung	%
μ_G	Gleitreibungszahl zwischen Fahrbahn und Reifen	–
μ_H	Haftreibungszahl zwischen Fahrbahn und Reifen	–
ΔF	Achskraftverlagerung	N
Δm	Achslastverlagerung	kg

Haftreibungszahlen

Beton, Asphalt	
– Reifen neu, Profiltiefe 8 mm	
Fahrbahn trocken	1,0 … 1,2
Fahrbahn nass, v = 50 km/h	0,9 … 1,1
(Wasserhöhe 3 mm) v = 100 km/h	0,7 … 1,0
– Reifen abgefahren, Profiltiefe 2 mm	
Fahrbahn trocken	1,0 … 1,2
Fahrbahn nass, v = 40 km/h	0,8 … 1,1
(Wasserhöhe 3 mm) v = 100 km/h	< 0,2
Schnee	0,1 … 0,4
Eis	0,05 … 0,1
Rennreifen, Fahrbahn trocken	bis 2,0

Bremswirkung

Bremsverzögerung *a* in m/s²

Mindestwerte für die *mittlere Bremsverzögerung* nach

- EG-Richtlinie 71/320 EWG:
  z. B. Typ 0-Test ausgekuppelt für Pkw:
  – Betriebsbremse ≥ 5,8 m/s²
- § 41 StVZO:
  z. B. Kfz über 25 km/h ab 01.01.2001
  – Betriebsbremse ≥ 5,0 m/s²
  – Feststellbremse ≥ 1,5 m/s²

Verzögerung

$$a = \frac{F_B}{m} \qquad a_{max} = \frac{F_{Bmax}}{m}$$

$$a = \varepsilon \cdot g \cdot \mu_H \qquad a_{max} = g \cdot \mu_H$$

Mit a_{max} aus z:

$$a_m = a_{max} \cdot \eta_t \qquad a_{max} = \frac{z \cdot g}{100\,\%}$$

Haftwertausnutzung

$$\varepsilon = \frac{z}{\mu_H \cdot 100\,\%} \qquad \varepsilon = \frac{a}{g \cdot \mu_H}$$

Größe		Einheit
a	Bremsverzögerung, vorhandene	m/s²
a_m	–, mittlere	m/s²
a_{max}	–, größte	m/s²
F_B	Bremskraft des Fahrzeugs	N
m	Fahrzeugmasse	kg
z	Abbremsung	%
ε	Haftwertausnutzung	–
η_t	Zeitwirkungsgrad	–
μ_H	Haftreibungszahl zwischen Reifen und Fahrbahn	–

Bremsenprüfung bei Pkw, Kraftrad

Mindestabbremsung und zulässige Betätigungskraft
(ab Erstzulassung 1.1.91)

Fahrzeugklassen	Betriebsbremse			Feststellbremse		
	$z \geq$ %	$F_H \leq$ N	$F_F \leq$ N	$z \geq$ %	$F_H \leq$ N	$F_F \leq$ N
Pkw	**58**[1]	–	500	**16**	400	500
Kraftrad (L3e)	**50** (v+h)	200	350[2]	–	–	–

F_H = Handkraft F_F = Fußkraft

[1]) EZ vor 28.07.2010: $z \geq 50\,\%$
[2]) EZ vor 1.10.1998: 500 N

Abbremsung

$$z = \frac{F_B \cdot 100\,\%}{m_{zul} \cdot g}$$

$$z = \frac{F_B \cdot 100\,\%}{F_{G,\,zul}}$$

$$z = \frac{a_{max} \cdot 100\,\%}{g}$$

Bremskraft

$$F_B = \Sigma F_{BR}$$

F_B = Summe der Bremskräfte am Umfang aller Räder

Abweichung

$$U = \frac{\Delta F_{BR} \cdot 100\,\%}{F_{BR}\ \text{(höherer Wert)}}$$

Größe		Einheit
a_{max}	Bremsverzögerung, größte	m/s²
F_B	Bremskraft des Fahrzeugs	N
F_{BR}	– an einem Rad	N
ΔF_{BR}	Bremskraftunterschied an den Rädern einer Achse	N
$F_{G,\,zul}$	zul. Fahrzeuggewichtskraft	N
g	Fallbeschleunigung	9,81 m/s²
m_{zul}	zul. Gesamtmasse	kg
U	Abweichung der Bremskräfte an den Rädern einer Achse	%
z	Abbremsung	%

Bremsenprüfung bei Nfz

Abbremsung

Allgemein

$$z = \frac{F_B \cdot 100\,\%}{m_{zul} \cdot g} \qquad z = \frac{F_B \cdot 100\,\%}{F_{Gzul}}$$

Ermittlung bei leerem Fahrzeug

$$z = \frac{(F_{B1} \cdot i_1 + F_{B2} \cdot i_2 + \ldots) \cdot 100\,\%}{m_{zul} \cdot g}$$

Druckverhältnisse

Für 1. Achse

$$i_1 = \frac{p_{N1} - 0{,}4}{p_1 - 0{,}4}$$

Für n. Achse

$$i_n = \frac{p_{Nn} - 0{,}4}{p_n - 0{,}4}$$

Größe		Einheit
F_B	Bremskraft des Fahrzeugs	N
F_{B1}	– an der 1. Achse bei einem Druck von p_1	N
F_{B2}	– an der 2. Achse bei einem Druck von p_2	N
F_{Bn}	– an der letzten Achse bei einem Druck von p_n	N
F_{Gzul}	zul. Fahrzeuggewichtskraft	N
g	Fallbeschleunigung	9,81 m/s²
$i_{1...n}$	Druckverhältnis an der 1. bis letzten Achse	–
m_{zul}	zul. Gesamtmasse des Fz.	kg
$p_{N1...n}$	max. Bremsdruck der 1. bis letzten Achse nach Herstellerangabe (siehe ALB-Schild)	bar
$p_{1...n}$	Bremsdruck bei der Prüfung in den Radzylindern der jeweiligen Achse	bar
z	Abbremsung	%
0,4	Ansprechdruck der Bremszylinder	bar

Betätigung

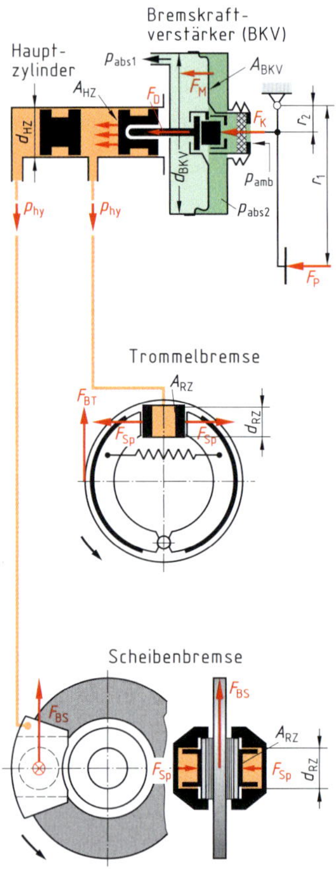

Bremsenkennwert *C*
(Trommelbremse)

Simplexbremse	1,4 … 2,2
Duplexbremse	2,2 … 3,5
Servobremse	3,2 … 5,8
Verstärkungsfaktor v	1,8 … 4,0

Pedalkraft (Betätigungskraft)

$$F_P = \frac{F_K \cdot r_2}{r_1} \qquad F_P = F_K \cdot i_{me}$$

$$F_P = F_{Sp} \cdot i$$

Kolbenstangenkraft

$$F_K = \frac{F_P \cdot r_1}{r_2} \qquad F_K = \frac{F_P}{i_{me}} = \frac{F_D}{v}$$

ohne BKV:

$$F_K = p_{hy} \cdot A_{HZ}$$

Membrankraft (Verstärkerkraft)

mit Δp in N/cm^2:

$$F_M = \Delta p \cdot A_{BKV}$$

$$F_M = \Delta p \cdot \frac{\pi \cdot d_{BKV}^2}{4}$$

$$F_M = F_K \cdot (v - 1)$$

Druckdifferenz im BKV

$$\Delta p = p_{abs2} - p_{abs1}$$

$$\Delta p_{max} = p_{amb} - p_{abs1}$$

Druckstangenkraft

$$F_D = F_K + F_M \qquad F_D = F_K \cdot v$$

$$F_D = \frac{F_K}{i_{pn}} \qquad F_D = F_{Sp} \cdot i_{hy}$$

Bremsdruck (Flüssigkeitsdruck)

$$p_{hy} = \frac{F_D}{A_{HZ}} \qquad p_{hy} = \frac{F_{Sp}}{A_{RZ}}$$

ohne BKV:

$$p_{hy} = \frac{F_K}{A_{HZ}}$$

Spannkraft (Anpresskraft)

$$F_{Sp} = p_{hy} \cdot A_{RZ}$$

$$F_{Sp} = \frac{F_D}{i_{hy}} \qquad F_{Sp} = \frac{F_D \cdot d_{RZ}^2}{d_{HZ}^2}$$

ohne BKV:

$$F_{Sp} = \frac{F_K}{i_{hy}} \qquad F_{Sp} = \frac{F_K \cdot d_{RZ}^2}{d_{HZ}^2}$$

Bremskraft

an der Bremsscheibe
$F_{BS} = 2 \cdot F_{Sp} \cdot \mu_{GS}$

an der Bremstrommel
$F_{BT} = F_{Sp} \cdot C$

Größe / Einheit

Größe		Einheit
A_{BKV}	Kolbenfläche des Bremskraftverstärkers (BKV)	cm^2
A_{HZ}	– des Hauptzylinders	cm^2
A_{RZ}	– des Radzylinders	cm^2
C	Bremsenkennwert	–
d_{BKV}	Durchmesser des Bremskraftverstärkers (BKV)	cm
d_{HZ}	– des Hauptzylinders	cm
d_{RZ}	– des Radzylinders	cm
F_{BS}	Bremskraft an der Bremsscheibe	N
F_{BT}	– an der Bremstrommel	N
F_D	Druckstangenkraft	N
F_K	Kolbenstangenkraft	N
F_M	Membrankraft (Verstärkerkraft)	N
F_P	Pedalkraft (Betätigungskraft)	N
F_{Sp}	Spannkraft (Anpresskraft)	N
i	Gesamtübersetzung der Bremsanlage	–
i_{hy}	hydraulische Übersetzung	–
i_{me}	mechanische Übersetzung	–
i_{pn}	pneumatische Übersetzung	–
p_{abs1}	Druck in der Vakuumkammer	hPa, (mbar)
p_{abs2}	Druck in der Arbeitskammer	hPa, (mbar)
p_{amb}	Atmosphärendruck	hPa, (mbar)
p_{hy}	Bremsdruck (Flüssigkeitsdruck)	bar, (N/cm^2)
Δp	Druckdifferenz zwischen Vakuum- und Arbeitskammer	hPa, (mbar)
Δp_{max}	maximale Druckdifferenz zwischen Vakuum und Arbeitskammer	hPa, (mbar)
r_1	Hebelarm der Pedalkraft	mm
r_2	–, der Kolbenstangenkraft	mm
μ_{GS}	Gleitreibungszahl zwischen Bremsscheibe und Bremsbelag	–
v	Verstärkungsfaktor des Bremskraftverstärkers	–

Umrechnung
1 bar = 10 N/cm^2
1 N/cm^2 = 0,1 bar
100 hPa = 1 N/cm^2
1 000 hPa = 1 000 mbar = 1 bar

Bremskraft – am Reifenumfang

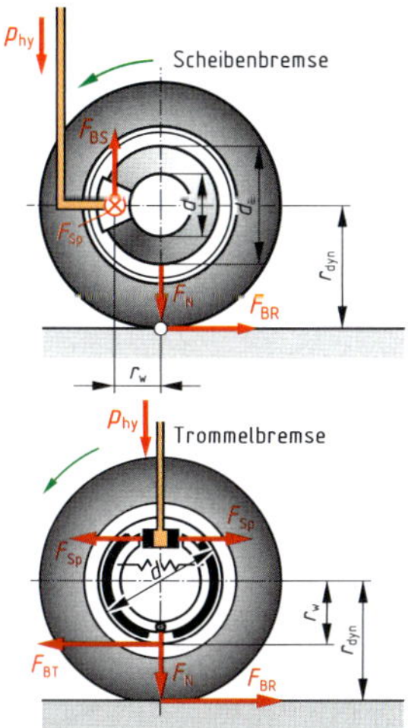

Bremsscheibe:

$$F_{BR} = \frac{F_{BS} \cdot r_w}{r_{dyn}}$$

$$r_w = \frac{d_a + d_i}{4}$$

Bremstrommel:

$$F_{BR} = \frac{F_{BT} \cdot r_w}{r_{dyn}}$$

$$r_w = \frac{d}{2}$$

Räder drehen: $F_{BR\,max} = F_N \cdot \mu_H$

Räder blockieren: $F_{BR\,max} = F_N \cdot \mu_G$

Größe		Einheit
d	Bremstrommeldurchmesser	mm
d_a	Scheibendurchmesser, äußerer	mm
d_i	–, innerer	mm
F_{BR}	Bremskraft am Reifenumfang	N
F_{BS}	– an der Bremsscheibe	N
F_{BT}	an der Bremstrommel	N
F_N	Radaufstandskraft	N
F_{Sp}	Spannkraft (Anpresskraft)	N
r_{dyn}	Reifenradius (-halbmesser), dynamischer	mm
r_w	Reibradius (-halbmesser), wirksamer	mm
μ_G	Gleitreibungszahl zwischen Fahrbahn und Reifen	–
μ_H	Haftreibungszahl zwischen Fahrbahn und Reifen	–

Übersetzung der Bremskraft

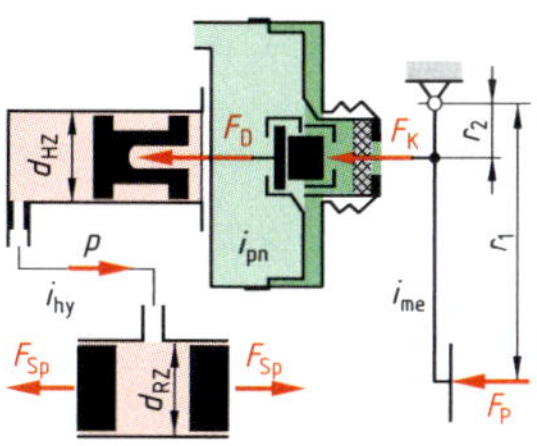

mechanische …

$$i_{me} = \frac{r_2}{r_1}$$

$$i_{me} = \frac{F_P}{F_K}$$

hydraulische …

$$i_{hy} = \frac{d_{HZ}^2}{d_{RZ}^2}$$

$$i_{hy} = \frac{F_D}{F_{Sp}}$$

ohne Verstärker:

$$i_{hy} = \frac{F_K}{F_{Sp}}$$

pneumatische …

$$i_{pn} = \frac{F_K}{F_D}$$

$$i_{pn} = \frac{1}{v}$$

gesamte …

$$i = i_{me} \cdot i_{pn} \cdot i_{hy}$$

ohne Verstärker:
$i = i_{me} \cdot i_{hy}$

Größe		Einheit
d_{HZ}	Durchmesser des Hauptzylinders	mm
d_{RZ}	– des Radzylinders	mm
F_D	Druckstangenkraft	N
F_K	Kolbenstangenkraft	N
F_P	Pedalkraft (Betätigungskraft)	N
F_{Sp}	Spannkraft (Anpresskraft)	N
i	Gesamtübersetzung	–
i_{hy}	Einzelübersetzung, hydraulische	–
i_{me}	–, mechanische	–
i_{pn}	–, pneumatische	–
r_1	Hebelarm der Pedalkraft	mm
r_2	– der Kolbenstangenkraft	mm
v	Verstärkungsfaktor	–

Bremsarbeit, Bremsleistung

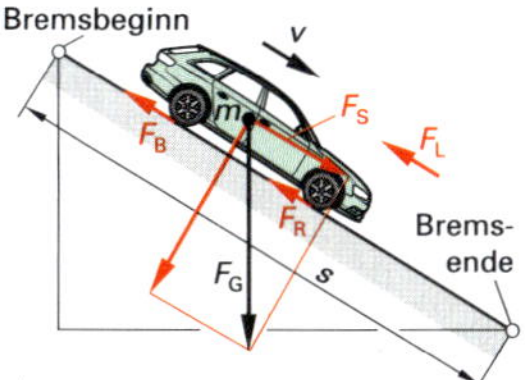

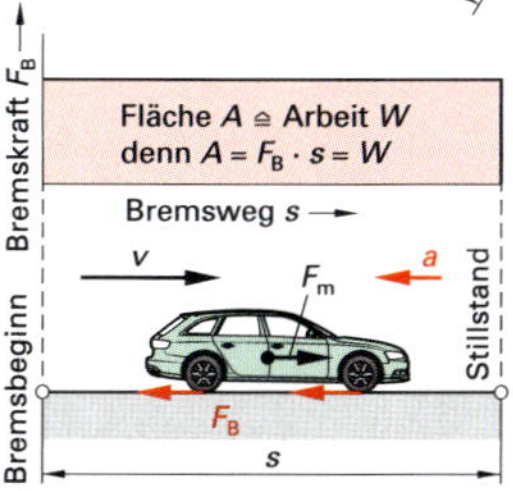

Talfahrt mit konstanter Geschwindigkeit

Bremsarbeit:

$$W_B = \frac{F_B \cdot s}{1000}$$

Bremsleistung:

$$P_B = \frac{F_B \cdot v}{1000}$$

Bremskraft:

$$F_B = F_S - F_R - F_L$$

Gefällekraft:

$$F_S \approx \frac{F_G \cdot S}{100\,\%}$$

Anhalten auf ebener Fahrbahn

Bremsarbeit:

$$W_B = \frac{F_B \cdot s}{1000}$$

$$W_B = \frac{m \cdot v^2}{2000}$$

$$W_B = P_{Bm} \cdot t$$

Bremsleistung:

$$P_{Bmax} = \frac{F_B \cdot v}{1000}$$

$$P_{Bm} = \frac{F_B \cdot v}{2000}$$

$$P_{Bm} = \frac{W_B}{t}$$

Größe		Einheit
a	Bremsverzögerung, mittlere	m/s²
F_B	Bremskraft des Fahrzeugs	N
F_G	Gewichtskraft des Fahrzeugs	N
F_L	Luftwiderstand	N
F_m	Massenträgheitskraft	N
F_R	Rollwiderstand	N
F_S	Gefällekraft	N
m	Fahrzeugmasse	kg
P_B	Bremsleistung, konstante	kW
P_{Bm}	–, mittlere	kW
P_{Bmax}	–, größter Augenblickswert	kW
s	Bremsweg	m
S	Gefälle (Steigung)	%
t	Bremszeit	s
v	Fahrgeschwindigkeit im Gefälle bzw. vor dem Bremsen	m/s
W_B	Bremsarbeit	kJ

Fahrwiderstand

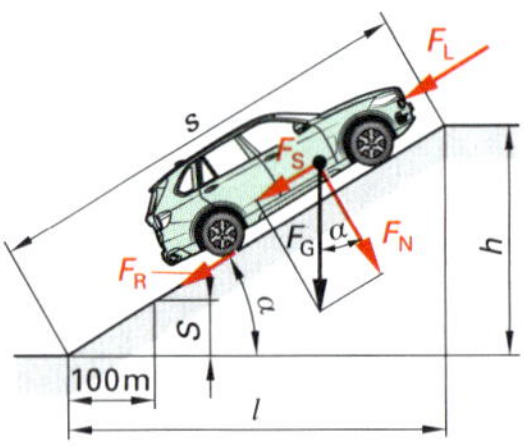

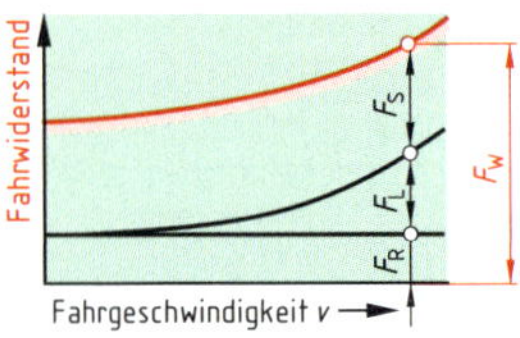

Luftdichte in kg/m³

in 0 m Höhe	1,226
in 1 000 m Höhe	1,112
in 2 000 m Höhe	1,007
in 4 000 m Höhe	0,819

Rollwiderstandszahl

Asphalt, Beton, Steinpflaster	0,015
Schotter, gewalzt	0,020
Erdweg, fest	0,050
Sand, lose	0,150

Rollwiderstand ebene Straße

$F_R = m \cdot g \cdot k$ $\qquad P_R = \frac{F_R \cdot v}{3600}$

$F_R = F_G \cdot k$ $\qquad$ (v in km/h)

Luftwiderstand

Mit v in m/s:
$F_L = 0{,}5 \cdot \varrho \cdot v^2 \cdot A \cdot c_w$ $\qquad P_L = \frac{F_L \cdot v}{3600}$ (v in km/h)

Mit v in km/h:
$F_L = 0{,}03858 \cdot \varrho \cdot v^2 \cdot A \cdot c_w$

$A \approx 0{,}8 \cdot B \cdot H$

Steigungswiderstand

$F_S = m \cdot g \cdot \sin\alpha$ $\qquad P_S = \frac{F_S \cdot v}{3600}$

$F_S = \frac{m \cdot g \cdot h}{s} = \frac{F_G \cdot h}{s}$ $\qquad$ (v in km/h)

Für kleinere Steigungen:

$F_S \approx m \cdot g \cdot \tan\alpha \approx \frac{m \cdot g \cdot h}{l} = \frac{F_G \cdot h}{l}$

$F_S \approx \frac{m \cdot g \cdot S}{100\,\%}$ $\qquad F_S \approx \frac{F_G \cdot S}{100\,\%}$

Fahrwiderstand

Bei Steigungen:
$F_W = F_R + F_L + F_S$ $\qquad P_W = \frac{F_W \cdot v}{3600}$

Bei Gefälle: $\qquad$ (v in km/h)
$F_W = F_R + F_L - F_S$

Größe		Einheit
A	Stirnfläche des Fahrzeugs	m²
B	Fahrzeugbreite	m
c_w	Luftwiderstandszahl	–
F_G	Gewichtskraft des Fahrzeugs	N
F_L	Luftwiderstand	N
F_R	Rollwiderstand	N
F_S	Steigungswiderstand	N
F_W	Fahrwiderstand	N
g	Fallbeschleunigung	9,81 m/s²
h	Höhenunterschied der Steigung	m
H	Fahrzeughöhe	m
k	Rollwiderstandszahl	–
l	Steigungslänge, waagrechte	m
m	Fahrzeugmasse	kg
P_L	Luftwiderstandsleistung	kW
P_R	Rollwiderstandsleistung	kW
P_S	Steigungswiderstandsleistung	kW
P_W	Fahrwiderstandsleistung	kW
s	Wegstrecke der Steigung	m
S	Steigung (+), Gefälle (–)	%
v	Fahrgeschwindigkeit	m/s bzw. km/h
α	Steigungswinkel	°
ϱ	Luftdichte	kg/m³

Fahrleistung

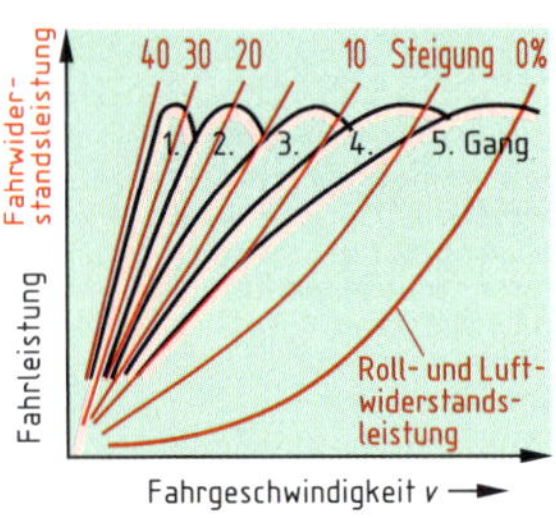

Fahrleistung

$P_A = P_{eff} \cdot \eta$ $\qquad P_A = P_W$ $\qquad F_A = F_W$

$P_A = \frac{F_A \cdot v}{3600}$ $\qquad P_W = \frac{F_W \cdot v}{3600}$

Motorleistung

$P_{eff} = \frac{P_A}{\eta}$

$P_{eff} = \frac{F_A \cdot v}{3600 \cdot \eta}$ $\qquad P_{eff} = \frac{F_W \cdot v}{3600 \cdot \eta}$

Zugkraft

$F_A = \frac{3600 \cdot P_A}{v}$ $\qquad F_A = \frac{3600 \cdot P_{eff} \cdot \eta}{v}$

Geschwindigkeit

$v = \frac{3600 \cdot P_A}{F_A}$ $\qquad v = \frac{3600 \cdot P_{eff} \cdot \eta}{F_A}$

Größe		Einheit
F_A	Zugkraft an den Antriebsrädern	N
F_W	Fahrwiderstand	N
P_A	Fahrleistung an den Rädern	kW
P_{eff}	Nutzleistung des Motors	kW
P_W	Fahrwiderstandsleistung	kW
v	Fahrgeschwindigkeit	km/h
η	Gesamtwirkungsgrad des Antriebsstrangs	–

Fahrdiagramm

Beispiel

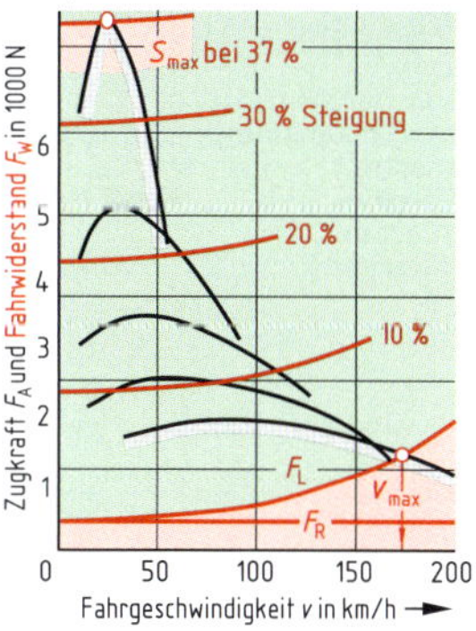

Sind Zugkraft F_A und Fahrwiderstand F_W gleich groß, so bleibt die Geschwindigkeit des Fahrzeugs konstant.

Zugkraft

$F_A = F_W$ $\qquad F_A = \frac{M_A}{r_{dyn}}$

$F_{Amax} = F_1 \cdot \mu_H$ $\qquad F_{Amax} = m_A \cdot g \cdot \cos\alpha \cdot \mu_H$

Antriebsdrehmoment

$M_A = F_A \cdot r_{dyn}$ $\qquad M_A = M_M \cdot i \cdot \eta$

Motordrehmoment

$M_M = \frac{M_A}{i \cdot \eta}$ $\qquad M_M = \frac{F_A \cdot r_{dyn}}{i \cdot \eta}$

Übersetzung

$i = \frac{F_A \cdot r_{dyn}}{M_M \cdot \eta}$ $\qquad i = \frac{M_A}{M_M \cdot \eta}$

Fahrgeschwindigkeit

$v = \frac{3600 \cdot P_{eff} \cdot \eta}{F_W \text{ oder } F_A}$

Steigfähigkeit

$\sin\alpha_{max} = \frac{F_{S_{max}}}{m \cdot g}$ $\qquad \sin\alpha_{max} = \frac{F_{S_{max}}}{F_G}$

$S_{max} \approx \frac{100\,\% \cdot F_{S_{max}}}{m \cdot g}$ $\qquad S_{max} \approx \frac{100\,\% \cdot F_{S_{max}}}{F_G}$

$F_{S_{max}} = F_{Amax} - F_R$ $\qquad F_A = \frac{M_M \cdot i_{1.G} \cdot \eta}{r_{dyn}}$

Größe		Einheit
F_A	Zugkraft an den Antriebsrädern	N
F_{Amax}	–, größte übertragbare	N
F_G	Gewichtskraft des Fahrzeugs	N
F_S	Steigungswiderstand	N
F_{Smax}	größter überwindbarer Steigungswiderstand	N
F_W	Fahrwiderstand	N
F_1	Achskraft der Antriebsachse senkrecht zur Fahrbahn	N
g	Fallbeschleunigung	9,81m/s²
i	Gesamtübersetzung im Antriebsstrang	–
$i_{1.G}$	– 1. Gang	–
m	Fahrzeugmasse	kg
m_A	Achslast der Antriebsachse	kg
M_M	Drehmoment des Motors	Nm
M_A	– an den Antriebsrädern	Nm
P_{eff}	Nutzleistung des Motors	kW
r_{dyn}	Reifenradius (-halbmesser), dynamischer	m
S	Steigung	%
S_{max}	größte überwindbare Steigung	%
v	Fahrgeschwindigkeit	km/h
α	Steigungswinkel	°
η	Gesamtwirkungsgrad des Antriebsstrangs	–
μ_H	Haftreibungszahl zwischen Fahrbahn und Reifen	–

Beschleunigung, konstante

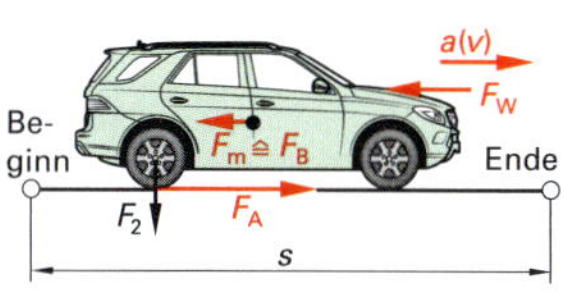

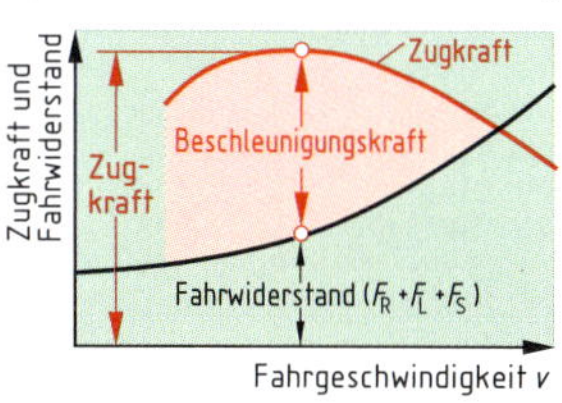

Beschleunigung

$a = \frac{F_B}{m}$ $\qquad a = \frac{F_A - F_W}{m}$ $\qquad a_{max} = \frac{F_{Bmax}}{m}$

Beschleunigungskraft

$F_B = m \cdot a$ $\qquad F_B = F_A - F_W$

Beim Anfahren auf ebener Fahrbahn

$F_{Bmax} = F_2 \cdot \mu_H$ (Beispiel Heckantrieb)

Arbeit

$W_B = \frac{F_B \cdot s}{1000}$

Beim Anfahren auf ebener Fahrbahn

$W_B = \frac{m \cdot v^2}{2000}$

Leistung

$P_B = \frac{F_B \cdot v}{1000}$

$P_{B,m} = \frac{F_B \cdot v}{2000}$

Zugkraft

$F_A = F_W + F_B$

$F_A = \frac{1000 \cdot P_A}{v}$

Fahrleistung

$P_A = P_W + P_B$

$P_A = \frac{F_A \cdot v}{1000}$

Motordrehmoment

$M_M = \frac{F_A \cdot r_{dyn}}{i \cdot \eta}$

Motorleistung

$P_{eff} = \frac{P_A}{\eta}$

Größe		Einheit
a	Beschleunigung, mittlere	m/s²
a_{max}	–, größte	m/s²
F_A	Zugkraft a. d. Antriebsrädern	N
F_B	Beschleunigungskraft	N
F_m	Massenträgheitskraft	N
F_W	Fahrwiderstand ($F_R + F_L + F_S$)	N
F_2	Achskraft der Antriebsachse	N
i	Gesamtübersetzung	–
m	Fahrzeugmasse	kg
M_M	Drehmoment des Motors	Nm
P_A	Fahrleistung an den Rädern	kW
P_B	Beschleunigungsleistung, im Augenblick (momentan)	kW
$P_{B,m}$	–, mittlere	kW
P_{eff}	Leistung des Motors	kW
P_W	Fahrwiderstandsleistung	kW
r_{dyn}	Reifenradius (-halbmesser), dynamischer	m
s	Beschleunigungsweg	m
v	Fahrgeschwindigkeit während bzw. nach dem Beschleunigen	m/s
W_B	Beschleunigungsarbeit	kJ
η	Gesamtwirkungsgrad des Antriebsstranges	–
μ_H	Haftreibungszahl zwischen Fahrbahn und Reifen	–

Grundlagen

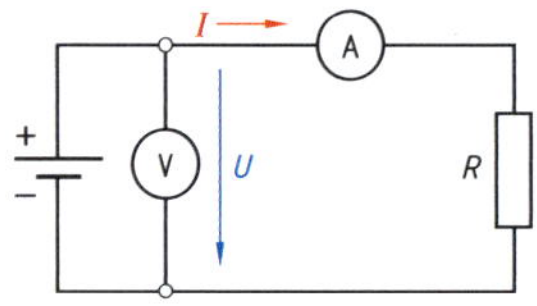

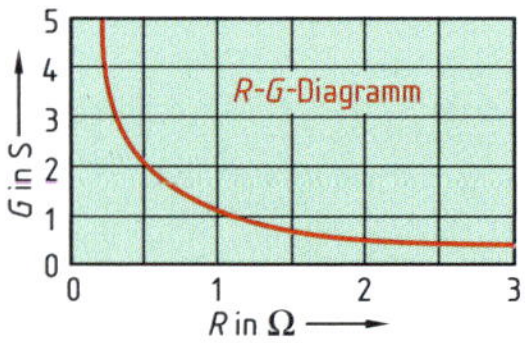

Ohmsches Gesetz

$I = \frac{U}{R}$ $R = \frac{U}{I}$

$U = R \cdot I$

Leitwert	Widerstand
$G = \frac{1}{R}$	$R = \frac{1}{G}$

Spezif. Widerstand	Leitfähigkeit
$\varrho = \frac{1}{\varkappa}$	$\varkappa = \frac{1}{\varrho}$

Größe		Einheit
G	elektrischer Leitwert	S
I	elektrische Stromstärke (Strom)	A
R	elektrischer Widerstand	Ω
U	elektrische Spannung	V
$\varkappa$	elektrische Leitfähigkeit	m/(Ωmm²)
ϱ	spezifischer el. Widerstand	Ωmm²/m

Leiterwiderstand

Werkstoff	ϱ in $\frac{\Omega mm^2}{m}$	$\varkappa$ in $\frac{m}{\Omega mm^2}$
Silber	0,0167	60
Kupfer	0,0178	56
Aluminium	0,0278	36
Wolfram	0,055	18,2
CuZn-Legier.	0,07	14,3
CuNi 44	0,50	2,00
NiCr 30 20	1,04	0,96

Temperaturbeiwert

Werkstoff	α in 1/K
Silber	0,0041
Kupfer	0,0039
Aluminium	0,0040
Wolfram	0,0048
CuNi 44	±0,00004
NiCr 30 20	0,00035

Leiterwiderstand	Leiterquerschnitt
$R = \frac{l \cdot \varrho}{A}$	$A = \frac{l \cdot \varrho}{R}$
$R = \frac{l}{A \cdot \varkappa}$	$A = \frac{l}{R \cdot \varkappa}$

Leiterlänge

$l = \frac{R \cdot A}{\varrho}$ $l = R \cdot A \cdot \varkappa$

Widerstandsänderung durch Erwärmung

$\Delta R = R_k \cdot \alpha \cdot \Delta T$

Warmwiderstand	Temperatur-Unterschied
$R_w = R_k + \Delta R$	$\Delta T = \frac{R_w - R_k}{R_k \cdot \alpha}$
$R_w = R_k \cdot (1 + \alpha \cdot \Delta T)$	

Größe		Einheit
A	Leiterquerschnitt	mm²
l	Leiterlänge	m
R	Leiterwiderstand	Ω
R_k	Kaltwiderstand (bei 20 °C)	Ω
R_w	Warmwiderstand	Ω
ΔR	Widerstandsänderung	Ω
ΔT	Temperaturänderung	K
α	Temperaturbeiwert	1/K
$\varkappa$	elektrische Leitfähigkeit	m/(Ωmm²)
ϱ	spezifischer el. Widerstand	Ωmm²/m

Leitungsberechnung

Einleitungssystem

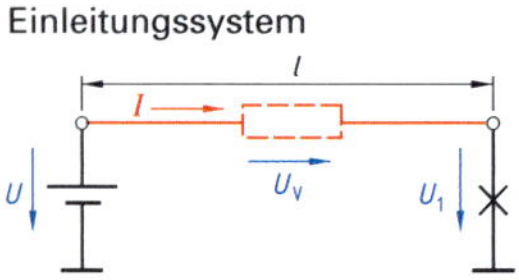

Zweileitungssystem ($l = l_1 + l_2$)

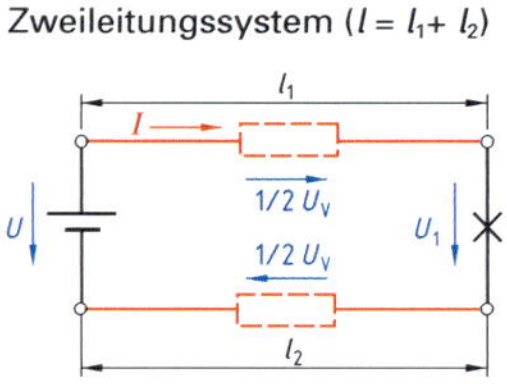

Spannungsfall	Leiterquerschnitt
$U_v = \frac{I \cdot l \cdot \varrho}{A}$	$A = \frac{I \cdot l \cdot \varrho}{U_v}$
$U_v = \frac{I \cdot l}{A \cdot \varkappa}$	$A = \frac{I \cdot l}{U_v \cdot \varkappa}$
$U_v = U - U_1$	

Leiterlänge	Stromstärke
$l = \frac{A \cdot U_v}{I \cdot \varrho}$	$I = \frac{A \cdot U_v}{l \cdot \varrho}$
$l = \frac{A \cdot U_v \cdot \varkappa}{I}$	$I = \frac{A \cdot U_v \cdot \varkappa}{l}$

Stromdichte

$J = \frac{I}{A}$

Größe		Einheit
A	Leiterquerschnitt	mm²
I	elektrische Stromstärke	A
J	elektrische Stromdichte	A/mm²
l	Leiterlänge	m
U	Versorgungsspannung	V
U_v	Spannungsfall	V
U_1	Spannung am Verbraucher	V
$\varkappa$	elektrische Leitfähigkeit	m/(Ωmm²)
ϱ	spezifischer el. Widerstand	Ωmm²/m

Reihenschaltung

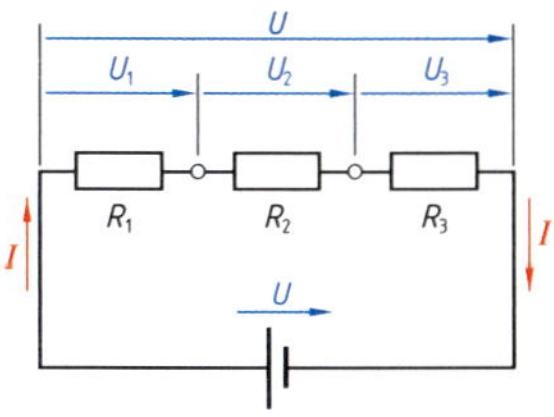

Widerstand

$R = R_1 + R_2 + R_3$

$R_1 = \frac{U_1}{I}$

$R_2 = \frac{U_2}{I}$

$R_3 = \frac{U_3}{I}$

Spannung

$U = U_1 + U_2 + U_3$

$U_1 = I \cdot R_1$

$U_2 = I \cdot R_2$

$U_3 = I \cdot R_3$

Stromstärke

$I = \frac{U_1}{R_1} = \frac{U_2}{R_2} = \frac{U_3}{R_3}$ $\qquad I = \frac{U}{R}$

Größe		Einheit
I	Stromstärke	A
R	Gesamtwiderstand	Ω
R_1	Einzelwiderstand 1	Ω
R_2	Einzelwiderstand 2	Ω
R_3	Einzelwiderstand 3	Ω
U	Gesamtspannung	V
U_1	Teilspannung am Widerstand 1	V
U_2	Teilspannung am Widerstand 2	V
U_3	Teilspannung am Widerstand 3	V

Parallelschaltung

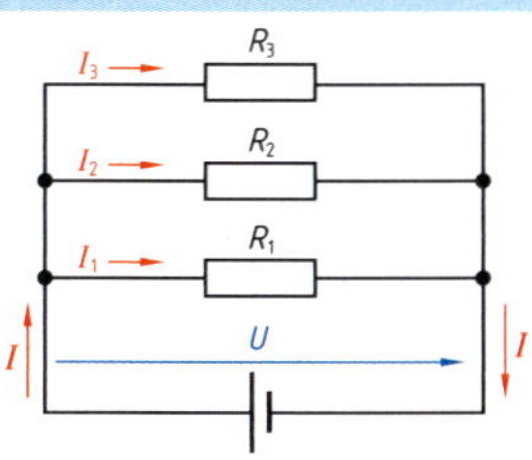

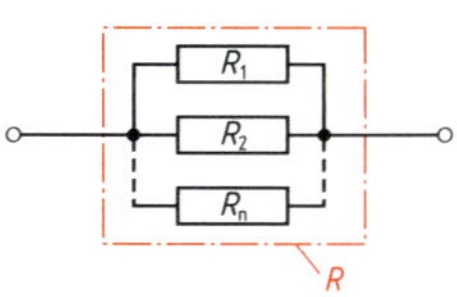

Stromstärke

$I = I_1 + I_2 + I_3$

$I_1 = \frac{U}{R_1}$

$I_2 = \frac{U}{R_2}$

$I_3 = \frac{U}{R_3}$

Spannung

$U = R \cdot I$

$U = I_1 \cdot R_1$

$U = I_2 \cdot R_2$

$U = I_3 \cdot R_3$

Gesamtwiderstand, allgemein

$\frac{1}{R} = \frac{1}{R_1} + \frac{1}{R_2} + \frac{1}{R_3} + \ldots$

–, für 2 parallele Widerstände

$R = \frac{R_1 \cdot R_2}{R_1 + R_2} \qquad R_1 = \frac{R_2 \cdot R}{R_2 - R} \qquad R_2 = \frac{R_1 \cdot R}{R_1 - R}$

–, für *n* gleiche Widerstände

$R = \frac{R_1}{n}$

Größe		Einheit
I	Gesamtstrom	A
I_1	Teilstrom durch den Widerstand 1	A
I_2	Teilstrom durch den Widerstand 2	A
I_3	Teilstrom durch den Widerstand 3	A
n	Anzahl der Einzelwiderstände	–
R	Gesamtwiderstand	Ω
R_1	Einzelwiderstand 1	Ω
R_2	Einzelwiderstand 2	Ω
R_3	Einzelwiderstand 3	Ω
U	Spannung	V

Gemischte Schaltung

Widerstand

Erweiterte Reihenschaltung

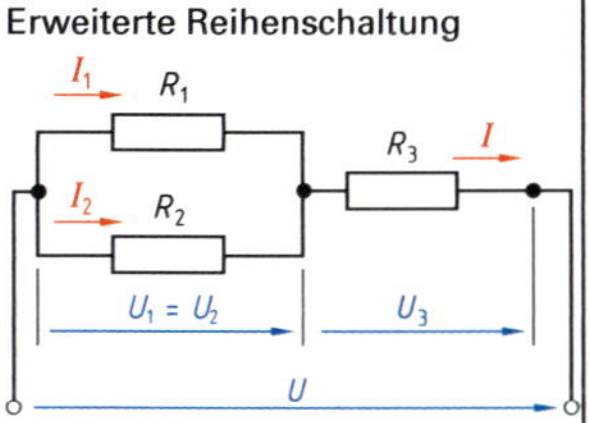

Schritt 1:
Parallelschaltung von R_1 und R_2

$R_{1,2} = \frac{R_1 \cdot R_2}{R_1 + R_2}$

Schritt 2:
Reihenschaltung von $R_{1,2}$ und R_3

$R = R_{1,2} + R_3$

Erweiterte Parallelschaltung

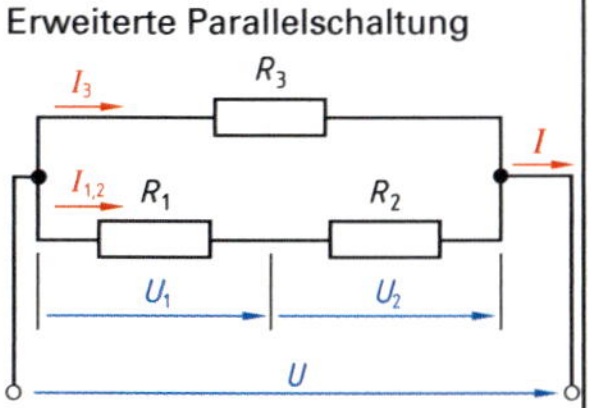

Schritt 1:
Reihenschaltung von R_1 und R_2

$R_{1,2} = R_1 + R_2$

Schritt 2:
Parallelschaltung von $R_{1,2}$ und R_3

$R = \frac{R_{1,2} \cdot R_3}{R_{1,2} + R_3}$

Größe		Einheit
I	Gesamtstrom	A
I_1	Teilstrom durch den Widerstand 1	A
I_2	Teilstrom durch den Widerstand 2	A
I_3	Teilstrom durch den Widerstand 3	A
R	Gesamtwiderstand	Ω
$R_{1,2}$	Ersatzwiderstand für R_1 und R_2	Ω
R_1	Einzelwiderstand 1	Ω
R_2	Einzelwiderstand 2	Ω
R_3	Einzelwiderstand 3	Ω
U	Gesamtspannung	V
U_1	Teilspannung am Widerstand 1	V
U_2	Teilspannung am Widerstand 2	V
U_3	Teilspannung am Widerstand 3	V

Spannungsteiler

Unbelasteter Spannungsteiler

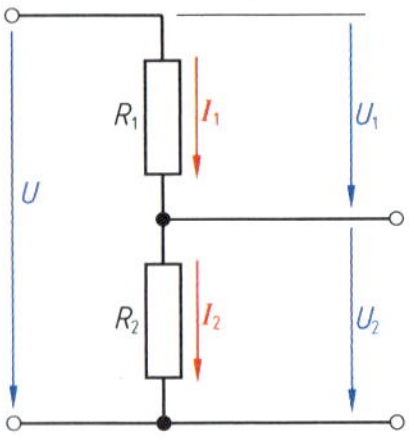

Strom

$I_1 = I_2$

Spannung

$U = U_1 + U_2$

$\frac{U_2}{U} = \frac{R_2}{R_1 + R_2}$ $\quad U_2 = \frac{R_2}{R_1 + R_2} \cdot U$

Belasteter Spannungsteiler

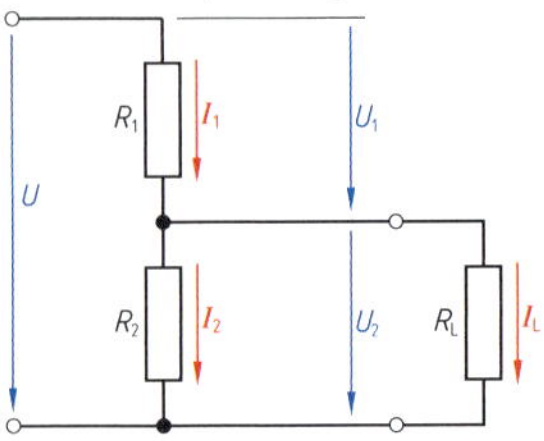

Strom

$I_1 = I_2 + I_L$

Spannung

$U = U_1 + U_2$

$\frac{U_2}{U} = \frac{R_2 \cdot R_L}{R_1 (R_2 + R_L) + R_2 \cdot R_L}$

$U_2 = \frac{R_2 \cdot R_L}{R_1 (R_2 + R_L) + R_2 \cdot R_L} \cdot U$

Größe		Einheit
I_1	Teilstrom durch den Widerstand 1	A
I_2	Teilstrom durch den Widerstand 2	A
I_L	Laststrom	A
R_1	Teilwiderstand 1	Ω
R_2	Teilwiderstand 2	Ω
R_L	Lastwiderstand	Ω
U	Gesamtspannung	V
U_1	Teilspannung am Widerstand 1	V
U_2	Teilspannung am Widerstand 2 bzw. am Lastwiderstand	V

Elektrische Leistung

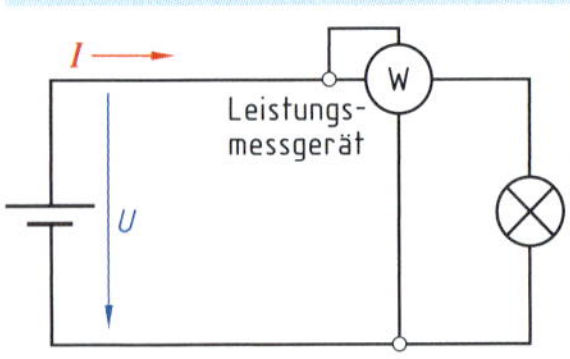

Leistung

$P = U \cdot I \qquad P = I^2 \cdot R \qquad P = \frac{U^2}{R}$

Strom	Spannung	Widerstand
$I = \frac{P}{U}$	$U = \frac{P}{I}$	$R = \frac{P}{I^2}$
$I = \sqrt{\frac{P}{R}}$	$U = \sqrt{P \cdot R}$	$R = \frac{U^2}{P}$

Größe		Einheit
I	elektrische Stromstärke	A
P	elektrische Leistung	W
R	elektrischer Widerstand	Ω
U	elektrische Spannung	V

Umrechnung

1 W = 1 V · 1 A = 1 J/s = 1 Nm/s

Elektrische Arbeit

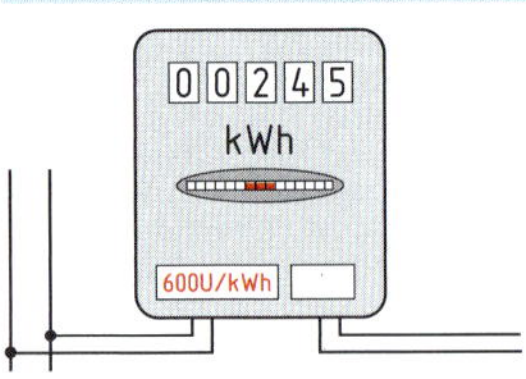

Arbeit	Zeit
$W = P \cdot t$	$t = \frac{W}{P}$
$W = U \cdot I \cdot t$	$t = \frac{W}{U \cdot I}$

Leistung	Stromstärke
$P = \frac{W}{t}$	$I = \frac{W}{U \cdot t}$

Größe		Einheit
I	elektrische Stromstärke	A
P	elektrische Leistung	W
t	Zeit, Einschaltdauer	s, h
U	elektrische Spannung	V
W	elektrische Arbeit	Ws, Wh, kWh

Umrechnung

1 Ws = 1 V · 1 A · 1 s

1 Ws = 1J = 1 Nm

3 600 000 Ws =1000 Wh = 1 kWh

Wirkungsgrad

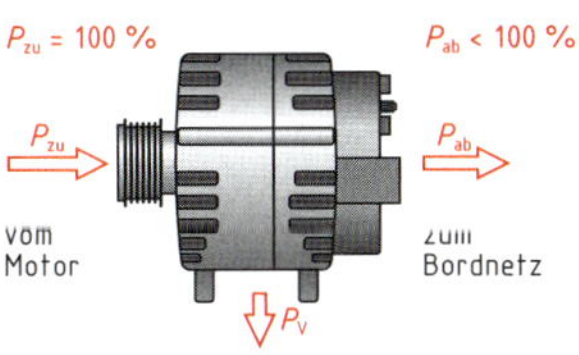

Wirkungsgrad

$\eta = \frac{P_{ab}}{P_{zu}}$ $\quad P_{zu} = \frac{P_{ab}}{\eta}$ $\quad P_{ab} = \eta \cdot P_{zu}$

aus Einzelwirkungsgraden:

$\eta = \eta_1 \cdot \eta_2 \cdot \ldots$

Verlustleistung

$P_V = P_{zu} - P_{ab}$ $\quad P_{ab} = P_{zu} - P_V$

$P_{zu} = P_{ab} + P_V$

Größe		Einheit
P_{ab}	abgegebene Leistung	W, kW
P_{zu}	zugeführte Leistung	W, kW
P_V	Verlustleistung	W, kW
η	Wirkungsgrad (gesamt)	-
η_1, η_2	Einzelwirkungsgrade	-

Batterie (Akkumulator)

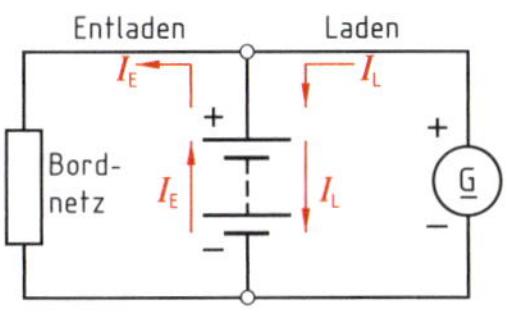

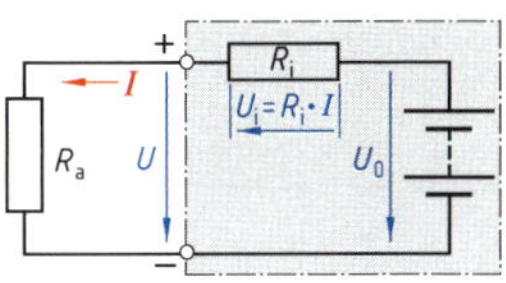

Kapazität

$K = I \cdot t$ $\quad I = \frac{K}{t}$ $\quad t = \frac{K}{I}$

Amperestundenwirkungsgrad

$\eta_{Ah} = \frac{K_E}{K_L}$ $\quad \eta_{Ah} = \frac{I_E \cdot t_E}{I_L \cdot t_L}$

Wattstundenwirkungsgrad

$\eta_{Wh} = \frac{W_E}{W_L}$ $\quad \eta_{Wh} = \frac{U_E \cdot I_E \cdot t_E}{U_L \cdot I_L \cdot t_L}$

Innenwiderstand

$R_i = \frac{U_0 - U}{I}$

Klemmenspannung

$U = U_0 - I \cdot R_i$

Strom

$I = \frac{U_0}{R_a + R_i}$

Kurzschlussstrom

$I_K = \frac{U_0}{R_i}$

Größe		Einheit
I	elektrische Stromstärke	A
I_E	Entladestrom	A
I_K	Kurzschlussstrom	A
I_L	Ladestrom	A
K	Kapazität	Ah
K_E	Entladekapazität	Ah
K_L	Ladekapazität	Ah
R_a	Belastungswiderstand	Ω
R_i	Innenwiderstand der Batterie	Ω
t	Zeit	h
t_E	Entladezeit	h
t_L	Ladezeit	h
U	Klemmenspannung	V
U_0	Leerlaufspannung	V
U_i	innerer Spannungsfall	V
U_E	Entladespannung	V
U_L	Ladespannung	V
W_E	Entladeenergie	Wh
W_L	Ladeenergie	Wh
η_{Ah}	Amperestundenwirkungsgrad	
η_{Wh}	Wattstundenwirkungsgrad	

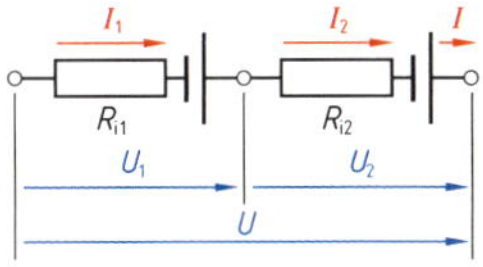

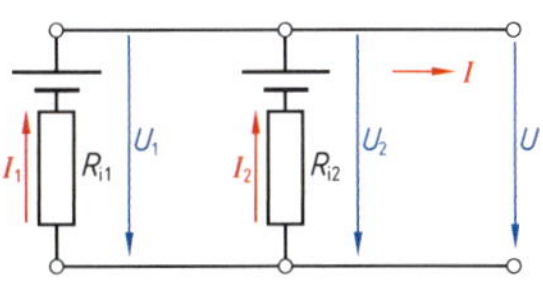

Reihenschaltung von Batterien

$U = U_1 + U_2 + \ldots$ $\quad I = I_1 = I_2 = \ldots$

$R_i = R_{i1} + R_{i2} + \ldots$ $\quad K = K_1 = K_2 = \ldots$

Parallelschaltung von Batterien

$U = U_1 = U_2 = \ldots$ $\quad I = I_1 + I_2 + \ldots$

$\frac{1}{R_i} = \frac{1}{R_{i1}} + \frac{1}{R_{i2}} + \ldots$ $\quad K = K_1 + K_2 + \ldots$

I	Gesamtstromstärke	A
$I_{1,2}$	Teilströme	A
K	Gesamtkapazität	Ah
$K_{1,2}$	Teilkapazitäten	Ah
R_i	Gesamtinnenwiderstand	Ω
$R_{i1,2}$	Teilinnenwiderstände	Ω
U	Gesamtklemmenspannung	V
$U_{1,2}$	Teilklemmenspannungen	V

Pulsweitenmodulation (PWM)

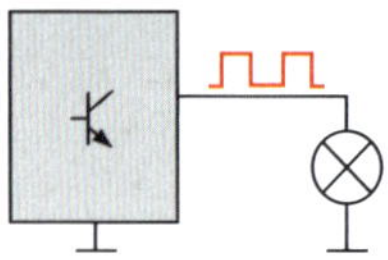

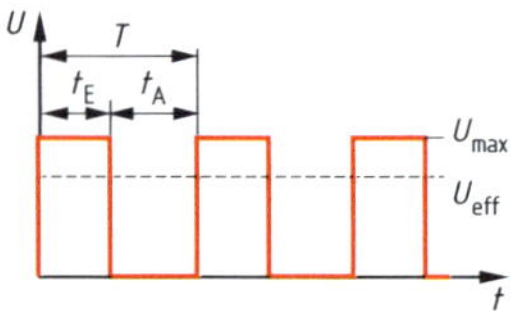

Tastverhältnis

$$p = \frac{t_E}{T} \cdot 100\,\%$$

Periodendauer

$$T = t_E + t_A \qquad T = \frac{1}{f}$$

Frequenz

$$f = \frac{1}{T}\ (T \text{ in s}) \qquad f = \frac{1000}{T}\ (T \text{ in ms})$$

Spannung

$$U_{eff} = \sqrt{\frac{t_E}{T}} \cdot U_{max}$$

Strom

$$I_{eff} = \sqrt{\frac{t_E}{T}} \cdot I_{max}$$

El. Leistung (ohmsche Verbraucher)

$$P = U_{eff} \cdot I_{eff} \qquad P = \frac{t_E}{T} \cdot U_{max} \cdot I_{max}$$

Größe		Einheit
f	Frequenz des PWM-Signals	Hz
I_{eff}	Effektivwert der Stromstärke	A
I_{max}	Höchstwert der Stromstärke	A
p	Tastverhältnis	%
P	elektrische Leistung	W
T	Periodendauer	s, ms
t_A	Ausschaltdauer	s, ms
t_E	Einschaltdauer	s, ms
U_{eff}	Effektivwert der Spannung	V
U_{max}	Höchstwert der Spannung	V

Zündanlage

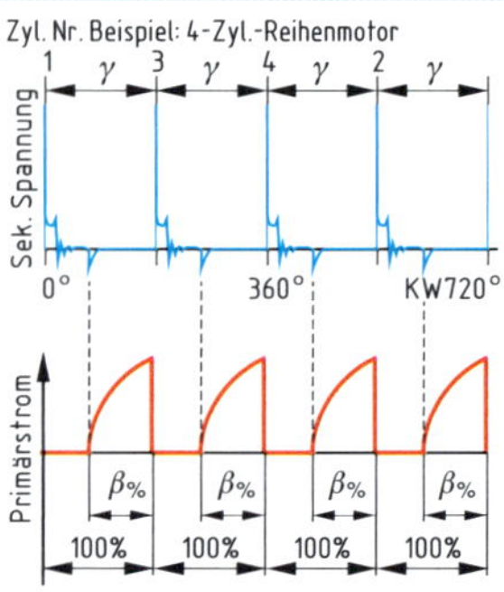

Zündabstand

$$\gamma_{KW} = \frac{720°}{z}$$

Schließzeit

$$t_s = \frac{\beta_{KW}}{6 \cdot n} \qquad t_s = \frac{120 \cdot \beta_{\%}}{n \cdot z_{Sp} \cdot 100\,\%}$$

Schließwinkel

$$\beta_{KW} = \frac{720° \cdot \beta_{\%}}{100\% \cdot z_{Sp}} \qquad \beta_{KW} = 6 \cdot n \cdot t_s$$

relativer Schließwinkel

$$\beta_{\%} = \frac{100\,\% \cdot \beta_{KW}}{\gamma_{KW}} \qquad \beta_{\%} = \frac{t_S \cdot z_{Sp} \cdot n \cdot 100\,\%}{120}$$

Funkenfrequenz der Zündspule

$$f = \frac{n \cdot z_{Sp}}{2}$$

Primärstrom

$$I_m \approx \frac{\beta_{\%} \cdot U}{100\% \cdot R_p}$$

Leistungsaufnahme

$$P \approx I_m \cdot U$$

Größe		Einheit
f	Funkenfrequenz	1/min
I_m	Primärstrom, mittlerer	A
n	Motordrehzahl	1/min
P	Leistungsaufnahme	W
R_p	Primärwiderstand	Ω
t_s	Schließzeit (Einschaltzeit des Primärstromes)	s
U	Versorgungsspannung	V
z	Zylinderzahl	V
z_{Sp}	Anzahl der Zylinder, von einer Zündspule versorgt	
β_{KW}	Schließwinkel an der Kurbelwelle	°
$\beta_{\%}$	relativer Schließwinkel	%
γ_{KW}	Zündabstand an der Kurbelwelle	°

Die Formeln gelten für Viertaktmotoren.

Kondensator

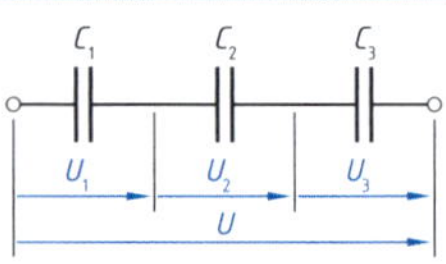

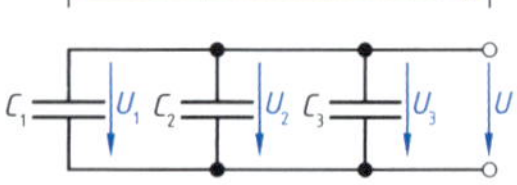

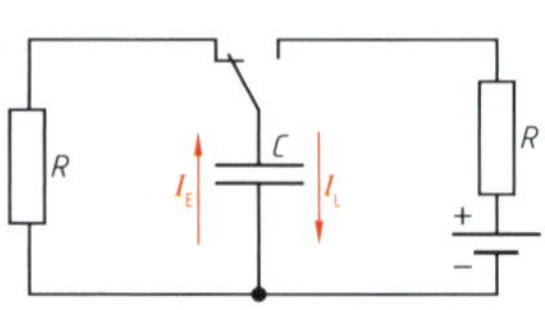

Reihenschaltung

$$U = U_1 + U_2 + U_3 + \ldots$$

$$\frac{1}{C} = \frac{1}{C_1} + \frac{1}{C_2} + \frac{1}{C_3} + \ldots$$

Für n gleiche Kondensatoren: $C = \frac{C_1}{n}$

Parallelschaltung

$$U = U_1 = U_2 = U_3 = \ldots \qquad C = C_1 + C_2 + C_3 + \ldots$$

Für n gleiche Kondensatoren: $C = C_1 \cdot n$

Ladezeit, Entladezeit

$t \approx 5 \cdot \tau$ mit Zeitkonstante $\tau = R \cdot C$:

$$t \approx 5 \cdot R \cdot C$$

Größe		Einheit
C	Gesamtkapazität	µF, nF, pF
$C_{1,2,3}$	Einzelkapazitäten	µF, nF, pF
U	Gesamtspannung	V
$U_{1,2,3}$	Teilspannungen	V
n	Anzahl gleicher Kondensatoren	
R	Lade- bzw. Entladewiderstand	Ω
t	Lade- bzw. Entladezeit	s
τ	Zeitkonstante (griech. Tau)	

Grundeinheit der Kapazität:
1 Farad = 1 F

Umrechnung

1 Millifarad = 1 mF = 10^{-3} F
1 Mikrofarad = 1 µF = 10^{-6} F
1 Nanofarad = 1 nF = 10^{-9} F
1 Picofarad = 1 pF = 10^{-12} F

Näherungswert:
Nach $t \approx 5 \cdot \tau$ ist ein Kondensator nahezu geladen bzw. entladen.

Wechselstrom

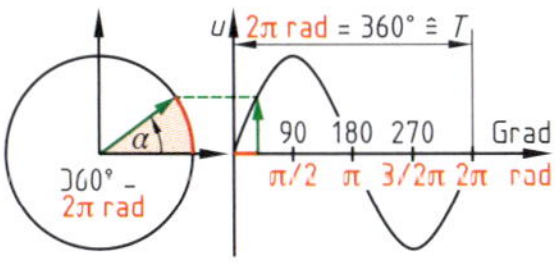

Einheitskreis

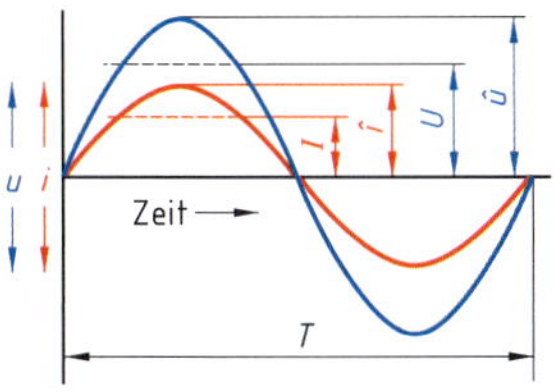

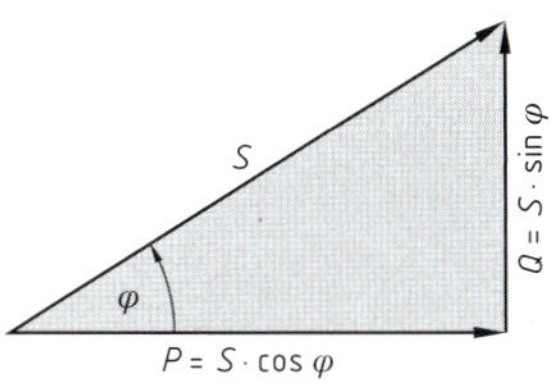

Frequenz / Kreisfrequenz

$f = \frac{1}{T}$ $\omega = 2 \cdot \pi \cdot f$

$f = \frac{\omega}{2 \cdot \pi}$ $\omega = \frac{2 \cdot \pi}{T}$

Periodendauer

$T = \frac{1}{f}$

Effektivwert / Scheitelwert

$U = \frac{\hat{u}}{\sqrt{2}}$ $\hat{u} = \sqrt{2} \cdot U$

$I = \frac{\hat{i}}{\sqrt{2}}$ $\hat{i} = \sqrt{2} \cdot I$

Wirkleistung / Wirkfaktor

$P = U \cdot I \cdot \cos\varphi$ $\cos\varphi = \frac{P}{S}$

$P = S \cdot \cos\varphi$

Bei ohmschen Verbrauchern:

$P = U \cdot I$

Scheinleistung

$S = U \cdot I$ $S = \sqrt{P^2 + Q^2}$

$S = \frac{P}{\cos\varphi}$

Blindleistung / Blindleistungsfaktor

$Q = S \cdot \sin\varphi$ $\sin\varphi = \frac{Q}{S}$

$Q = \sqrt{S^2 - P^2}$

Größe		Einheit
f	Frequenz	Hz, 1/s
I	Stromstärke, Effektivwert	A
i	Stromstärke, Momentanwert	A
$\hat{i}$	Stromstärke, Scheitelwert	A
P	Wirkleistung	W
Q	Blindleistung	var*
S	Scheinleistung	VA
T	Periodendauer	s
U	Spannung, Effektivwert	V
u	Spannung, Momentanwert	V
$\hat{u}$	Spannung, Scheitelwert	V
α	Drehwinkel	° bzw. rad
φ	Phasenverschiebungswinkel	°
ω	Kreisfrequenz	1/s
$\cos\varphi$	Wirkfaktor	–
$\sin\varphi$	Blindleistungsfaktor	–

* var = **V**olt **A**mpère **r**éactif

Umrechnung
1 000 Hz (Hertz) = 1 kHz
1 000 000 Hz = 1 MHz

$1 \text{ rad} = \frac{180}{\pi} = 57{,}3°$

$1° = \frac{\pi}{180} \text{ rad} = 0{,}0174 \text{ rad}$

Wechselstromwiderstände

Spule

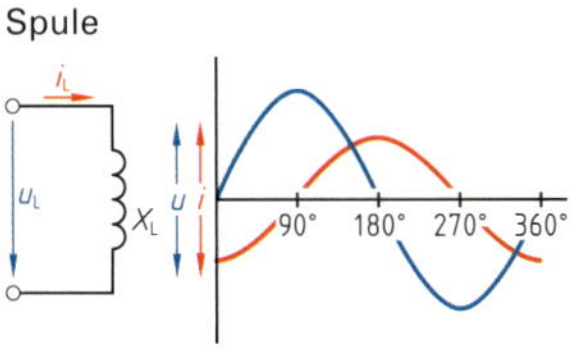

Kondensator

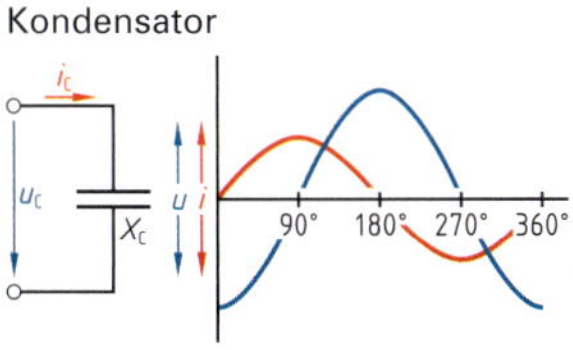

Induktiver Blindwiderstand

$X_L = 2 \cdot \pi \cdot f \cdot L$

mit Kreisfrequenz $\omega = 2 \cdot \pi \cdot f$:

$X_L = \omega \cdot L$

Kapazitiver Blindwiderstand

$X_C = \frac{1}{2 \cdot \pi \cdot f \cdot C}$

mit Kreisfrequenz $\omega = 2 \cdot \pi \cdot f$:

$X_C = \frac{1}{\omega \cdot C}$

Größe		Einheit
C	Kapazität des Kondensators	F (Farad)
f	Frequenz	Hz, 1/s
L	Induktivität der Spule	H (Henry)
X_C	kapazitiver Blindwiderstand	Ω
X_L	induktiver Blindwiderstand	Ω
ω	Kreisfrequenz	1/s

Grundeinheit der Kapazität:
1 Farad = 1 F

Umrechnung
1 Millifarad = 1 mF = 10^{-3} F
1 Mikrofarad = 1 µF = 10^{-6} F
1 Nanofarad = 1 nF = 10^{-9} F
1 Picofarad = 1 pF = 10^{-12} F

1 mH (Millihenry) = 10^{-3} H

Die Formeln für die Wechselstromwiderstände gelten nur bei Sinusspannungen.

Drehstrom

Sternschaltung

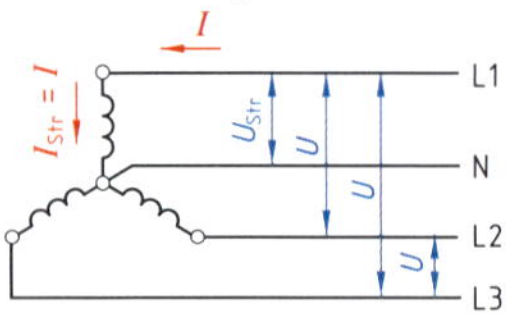

Dreieckschaltung

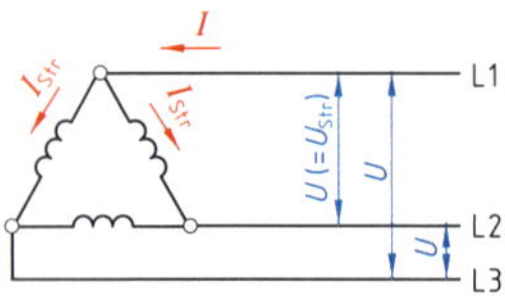

Sternschaltung

$U = \sqrt{3} \cdot U_{Str}$ $I = I_{Str}$

$U_{Str} = \frac{U}{\sqrt{3}}$

Dreieckschaltung

$I = \sqrt{3} \cdot I_{Str}$ $U = U_{Str}$

$I_{Str} = \frac{I}{\sqrt{3}}$

Wirkleistung

$P = \sqrt{3} \cdot U \cdot I \cdot \cos\varphi$

Bei ohmschen Verbrauchern:
$P = \sqrt{3} \cdot U \cdot I$

Scheinleistung

$S = \sqrt{3} \cdot U \cdot I$

Wirkfaktor

$\cos\varphi = \frac{P}{\sqrt{3} \cdot U \cdot I}$ $\cos\varphi = \frac{P}{S}$

Stromstärke

$I = \frac{P}{\sqrt{3} \cdot U \cdot \cos\varphi}$

$I = \frac{S}{\sqrt{3} \cdot U}$

Größe		Einheit
I	Außenleiterstrom	A
I_{Str}	Strangstrom	A
P	Wirkleistung	W
S	Scheinleistung	VA
U	Außenleiterspannung	V
U_{Str}	Strangspannung	V
$\cos\varphi$	Wirkfaktor	–
$\sqrt{3}$	Verkettungsfaktor	–

L1, L2, L3: Außenleiter
N: Nullleiter (Neutralleiter)

Die Leistungsformeln gelten für gleichmäßige Belastung, d. h. in jedem Außenleiter fließt ein gleich hoher Strom I. Der Nullleiter (Neutralleiter) ist stromlos.

Transformator

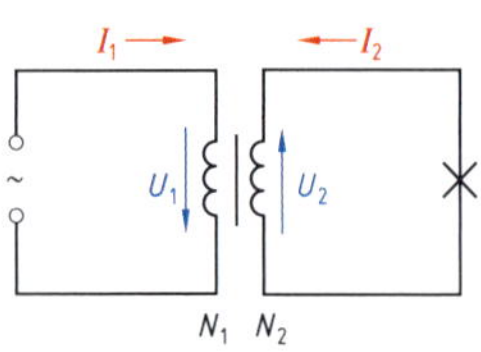

Übersetzungsverhältnis

$\frac{U_1}{U_2} = \frac{N_1}{N_2}$ $\frac{I_2}{I_1} = \frac{N_1}{N_2}$

$n = \frac{U_1}{U_2}$ $n = \frac{N_1}{N_2}$ $n = \frac{I_2}{I_1}$

Spannungen

$U_1 = U_2 \cdot \frac{N_1}{N_2}$ $U_2 = U_1 \cdot \frac{N_2}{N_1}$

$U_1 = U_2 \cdot n$ $U_2 = \frac{U_1}{n}$

Ströme

$I_1 = I_2 \cdot \frac{N_2}{N_1}$ $I_2 = I_1 \cdot \frac{N_1}{N_2}$

$I_1 = \frac{I_2}{n}$ $I_2 = I_1 \cdot n$

Größe		Einheit
I_1	Primärstrom	A
I_2	Sekundärstrom	A
n	Übersetzungsverhältnis	–
N_1	Windungszahl, Primärwicklung	–
N_2	Windungszahl, Sekundärwicklung	–
U_1	Primärspannung	V
U_2	Sekundärspannung	V

Beim Transformator entstehen Verluste durch Magnetisierung im Eisenkern und Stromwärme in den Wicklungen. Diese Verluste sind in den Formeln nicht berücksichtigt.

Bei Zündspulen ist für U_1 die in der Primärwicklung induzierte Selbstinduktionsspannung einzusetzen.

Magnetisches Feld

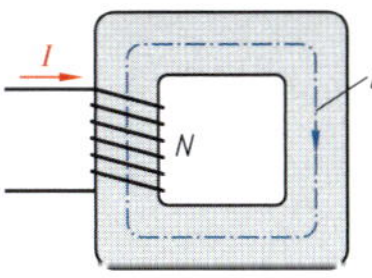

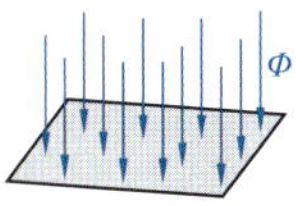

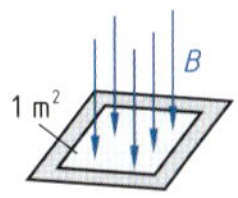

Magnetische Durchflutung

$$\Theta = I \cdot N$$

Magnetische Feldstärke

$$H = \frac{I \cdot N}{l_m} \qquad H = \frac{\Theta}{l_m}$$

Magnetische Flussdichte

$$B = \frac{\Phi}{A}$$

$$B = \mu_0 \cdot \mu_r \cdot H$$

Größe		Einheit
A	Fläche (senkrecht zu Feldlinien)	m^2
B	magnetische Flussdichte	T (Tesla)
H	magnetische Feldstärke	A/m
I	Stromstärke	A
l_m	mittlere Feldlinienlänge	m
N	Windungszahl	–
μ_0	magnetische Feldkonstante	Vs/Am
μ_r	Permeabilitätszahl	–
Φ	magnetischer Fluss (Phi)	Vs (Wb)
Θ	magnetische Durchflutung (Theta)	A

1 T = 1 Vs/m^2 = 1 Wb/m^2 (Wb = Weber)

Elektrisches Feld

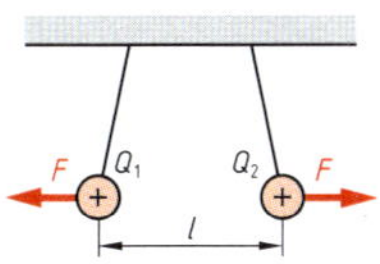

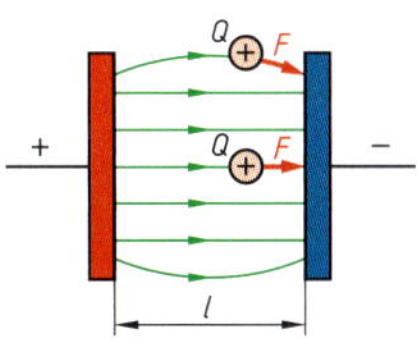

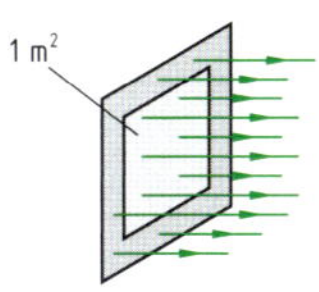

Coulombsches Gesetz

$$F = \frac{1}{4\pi \cdot \varepsilon_0 \cdot \varepsilon_r} \cdot \frac{Q_1 \cdot Q_2}{l^2}$$

Elektrische Feldstärke

$$E = \frac{F}{Q}$$

Bei homogenem Feld, z. B. Plattenkondensator:

$$E = \frac{U}{l}$$

Elektrische Flussdichte

$$D = \frac{Q}{A}$$

$$D = \varepsilon_0 \cdot \varepsilon_r \cdot E$$

Größe		Einheit
A	Fläche (senkrecht zu Feldlinien)	m^2
D	elektrische Flussdichte	C/m^2, As/m^2
E	elektrische Feldstärke	V/m, N/As
F	Kraft	N
l	Abstand	m
Q	Ladung	C (Coulomb), As
$Q_{1,2}$	Ladungen	C (Coulomb), As
U	Spannung	V
ε_0	elektrische Feldkonstante (Dielektrizitätskonstante)	F/m, As/Vm
ε_r	Permittivitätszahl (Relative Dielektrizitätskonstante)	–

$\varepsilon_0 \approx 8{,}854 \cdot 10^{-12}$ F/m (As/Vm)

Permittivitätszahlen ε_r

Vakuum	1,0
Luft	1,0006
Polypropylen (90 °C)	2,1
Keramik	bis 10 000

Diode

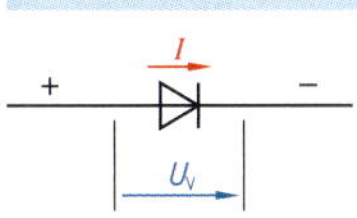

Verlustleistung

$$P_V = U_V \cdot I$$

Größe		Einheit
I	Stromstärke	A
P_V	Verlustleistung	W
U_V	Spannungsfall (Schleusenspannung)	V

Transistor

NPN-Transistor

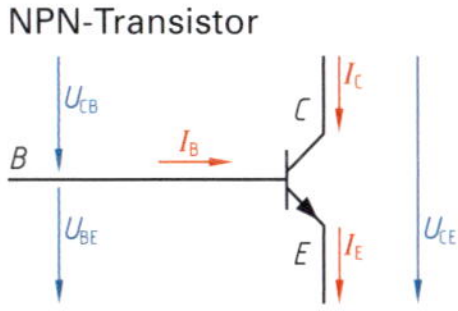

PNP-Transistor

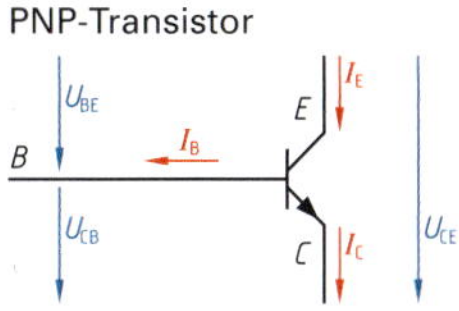

Spannungen

$$U_{CE} = U_{BE} + U_{CB}$$

Ströme

$$I_E = I_C + I_B$$

Verlustleistung

$$P_V \approx U_{CE} \cdot I_C$$

Verstärkung (Gleichstrom)

$$B = \frac{I_C}{I_B}$$

Größe		Einheit
B	Gleichstromverstärkung	
I_B	Basisstrom	A, mA
I_C	Kollektorstrom	A, mA
I_E	Emitterstrom	A, mA
P_V	Verlustleistung	W
U_{BE}	Basis-Emitter-Spannung	V
U_{CB}	Kollektor-Basis-Spannung	V
U_{CE}	Kollektor-Emitter-Spannung	V

HV-Batterie

Beispiel Spannung: Modul mit zwei parallel geschalteten Zellreihen ($n_{p,Zelle} = 2$) mit jeweils fünf in Reihe geschalteten Zellen ($n_{r,Zelle} = 5$):

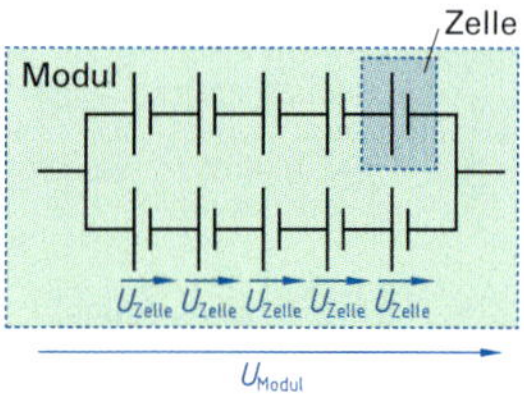

Beispiel Spannung: Drei in Reihe geschaltete Module ($n_{r,Modul} = 3$):

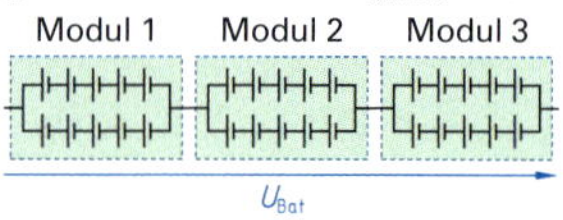

Beispiel Kapazität: Drei parallel geschaltete Module: ($n_{p,Modul} = 3$):

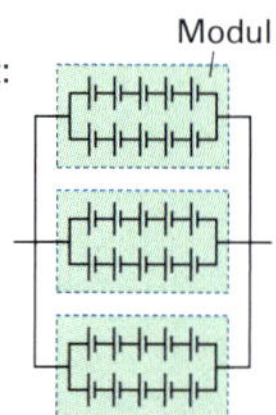

Spannung

$U_{Modul} = U_{Zelle} \cdot n_{r,Zelle}$

$U_{Bat} = U_{Modul} \cdot n_{r,Modul}$

Kapazität

$K_{Modul} = K_{Zelle} \cdot n_{p,Zelle}$

$K_{Bat} = K_{Modul} \cdot n_{p,Modul}$

Energie

$E_{Bat} = U_{Bat} \cdot K_{Bat}$

Größe		Einheit
E_{Bat}	gespeicherte Energie der HV-Batterie	Wh
$n_{p,Modul}$	Anzahl parallel geschalt. Module	–
$n_{p,Zelle}$	Anzahl parallel geschalt. Zellen	–
$n_{r,Modul}$	Anzahl in Reihe geschalt. Module	–
$n_{r,Zelle}$	Anzahl in Reihe geschalt. Zellen	–
K_{Bat}	Kapazität der HV-Batterie	Ah
K_{Modul}	Kapazität eines Moduls	Ah
K_{Zelle}	Kapazität einer Zelle	Ah
U_{Bat}	Spannung der HV-Batterie	V
U_{Modul}	Spannung eines Moduls	V
U_{Zelle}	Spannung einer Zelle	V

E-Maschine

Kennlinie Synchronmaschine (Motorbetrieb):

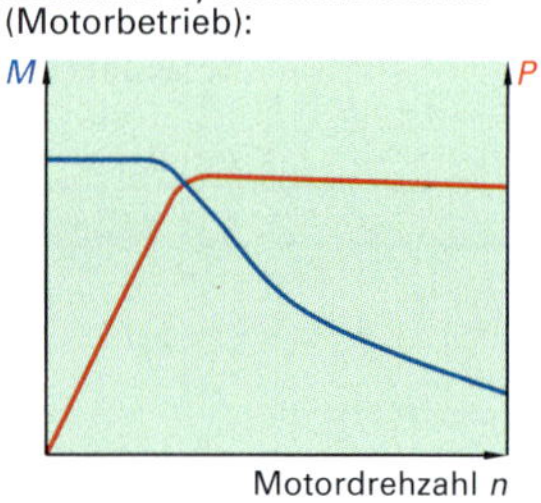

Elektrische Leistung (Wirkleistung)

$P_{el} = \sqrt{3} \cdot U \cdot I \cdot \cos\varphi$

Mechanische Leistung

$P_{mech} = \eta_{Motor} \cdot P_{el}$ im Motorbetrieb

$P_{mech} = \frac{P_{el}}{\eta_{Gen}}$ im Generatorbetrieb

Drehmoment

$M = \frac{P_{mech}}{2 \cdot \pi \cdot n}$

Drehzahl

Synchronmaschine $n_s = \frac{f}{p}$

Asynchronmaschine $n_{as} = n_s \cdot (1 - s)$

Größe		Einheit
f	Frequenz	Hz
I	Stromstärke	A
M	Drehmoment	Nm
n	Drehzahl	1/s
n_{as}	asynchrone Drehzahl	1/s
n_s	synchrone Drehzahl	1/s
p	Polpaarzahl	
P_{el}	Elektrische Leistung	W
P_{mech}	Mechanische Leistung	W
s	Schlupf	%
U	Spannung	V
η_{Motor}	Wirkungsgrad im Motorbetrieb	–
η_{Gen}	Wirkungsgrad im Generatorbetrieb	–
$\cos\varphi$	Wirkfaktor	

Zwischenkreiskondensator

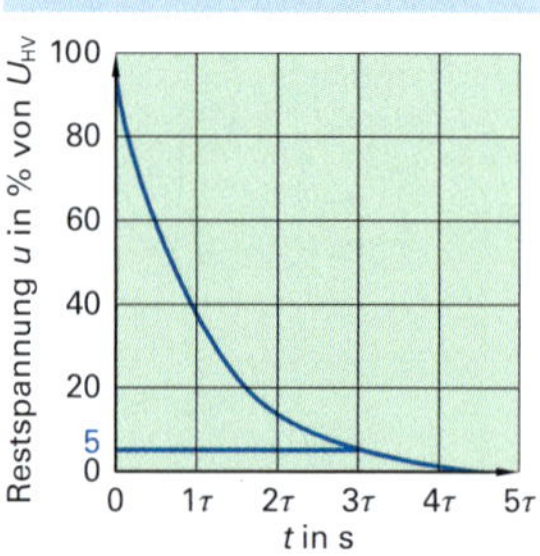

Entladezeit

$t_E = 5 \cdot \tau$

$\tau = R \cdot C$

$u = U_{HV} \cdot e^{-\frac{t}{\tau}}$

Hinweis:
Nach 3τ ist ein Zwischenkreiskondensator zu 95 % entladen. Die Restspannung beträgt noch 5 % der HV-Batteriespannung.

Größe		Einheit
t_E	Entladezeit	s
τ	Zeitkonstante	s
R	Entladewiderstand	Ω
C	Kapazität	F
u	Spannung zum Zeitpunkt t	V
U_{HV}	Hochvoltspannung Bordnetz	V
t	Zeitdauer nach Abschalten	s

Rechnungserstellung

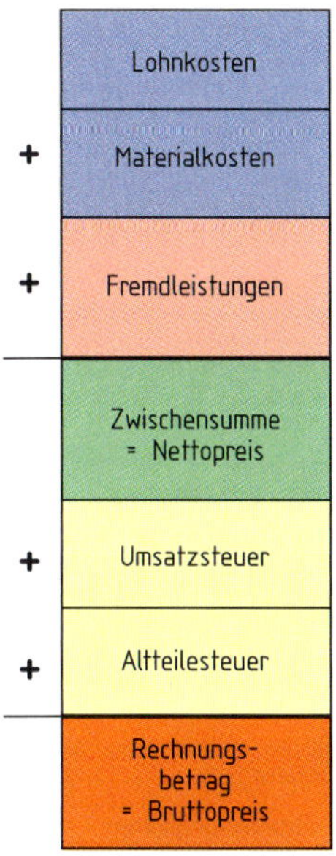

- Lohnkosten = Fertigungszeit × Stundenverrechnungssatz
  oder
  Lohnkosten = Arbeitswerte × Arbeitswerteverrechnungssatz
- Materialkosten = Summe aller Ersatzteile
- Rechnungsbetrag für Fremdleistungen
  = Kosten Fremdleistung + Gewinnzuschlag

  Kosten Fremdleistung = Rechnungsbetrag – Umsatzsteuer

  $$\text{Gewinnzuschlag} = \frac{\text{Reparaturkosten} \times \text{Gewinnsatz in \%}}{100\,\%}$$
- Zwischensumme (Nettopreis)
  = Lohnkosten + Materialkosten + Fremdleistungen
- $$\text{Umsatzsteuer} = \frac{\text{Zwischensumme (Nettopreis)} \times \text{Steuersatz in \%}}{100\,\%}$$
- $$\text{Altteilesteuer} = \frac{\text{Steuerwert der Altteile} \times \text{Steuersatz in \%}}{100\,\%}$$

  $$\text{Steuerwert der Altteile} = \frac{\text{Nettoverkaufspreis der Altteile} \times 10\,\%}{100\,\%}$$
- Rechnungsbetrag (Bruttopreis)
  = Zwischensumme (Nettopreis) + Umsatzsteuer + Altteilesteuer

Zuschlagskalkulation

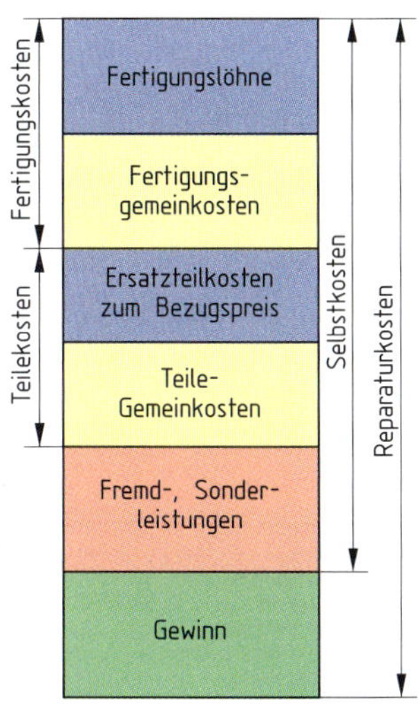

- Fertigungslöhne = Fertigungszeit × Werkstattschnittlohn
- Fertigungsgemeinkosten

  $$= \frac{\text{Fertigungslöhne} \times \text{Gemeinkostenzuschlagsatz in \%}}{100\,\%}$$
- Fertigungskosten
  = Fertigungslöhne + Fertigungsgemeinkosten der Werkstatt
- Teilekosten = Ersatzteilkosten zum Bezugspreis + Teile-Gemeinkosten
- Teile-Gemeinkosten für Lager

  $$= \frac{\text{Ersatzteilkosten Bezugspreis} \times \text{Gemeinkostenzuschlagsatz in \%}}{100\,\%}$$
- Fremd-, Sonderleistungen
  Kosten Fremdleistung = Rechnungsbetrag – Umsatzsteuer

  $$\text{Umsatzsteuer} = \frac{\text{Fremdleistung Rechnungsbetrag} \times \text{Steuersatz in \%}}{100\,\% + \text{Steuersatz}}$$
- Selbstkosten
  = Fertigungskosten + Teilekosten + Fremd-, Sonderleistungen
- $$\text{Gewinn} = \frac{\text{Selbstkosten} \times \text{Gewinnsatz in \%}}{100\,\%}$$
- Reparaturkosten = Selbstkosten + Gewinn

Sachwortverzeichnis